高等职业教育土建类"十四五"系列教材

建筑装饰工程计量与计价（第2版）

JIANZHU ZHUANGSHI GONGCHENG JILIANG YU JIJIA

主　编　林群仙　李小敏　阚张飞
副主编　李少和　刘卉丽　黄伟彪
　　　　任　微　李邵洋

电子课件
（仅限教师）

华中科技大学出版社
http://www.hustp.com
中国·武汉

内 容 简 介

"建筑装饰工程计量与计价"是建筑装饰工程技术专业设置的一门实践性、综合性较强的专业课程,与工程造价、建筑工程技术、工程管理等专业的"建筑工程预算"课程是姊妹篇。因此,本教材不仅适合建筑装饰工程技术专业学生使用,而且适合工程造价、建筑工程技术、工程管理等专业学生使用。

本教材的编写不仅严格依据国家最新规范、标准和文件,确保内容规范、正确,而且考虑到项目列项、工程量计算等工作与工程计价有密切联系,还在每个模块中以实际训练和真实工程项目为载体,按照技能训练的具体任务——基础知识——清单与定额项目释义——工程实例拓展训练,力求理论与实际结合,以达到工学交替、掌握知识、提高技能的目的。

为了方便教学,本书还配有电子课件等教学资源包,任课教师可以登录"我们爱读书"网(www.ibook4us.com)浏览,还可以发邮件至husttujian@163.com索取。

图书在版编目(CIP)数据

建筑装饰工程计量与计价/林群仙,李小敏,阚张飞主编.—2版.—武汉:华中科技大学出版社,2022.8
ISBN 978-7-5680-8532-8

Ⅰ.①建… Ⅱ.①林… ②李… ③阚… Ⅲ.①建筑装饰-工程造价-高等职业教育-教材 Ⅳ.①TU723.3

中国版本图书馆CIP数据核字(2022)第143976号

建筑装饰工程计量与计价(第2版)   林群仙 李小敏 阚张飞 主编
Jianzhu Zhuangshi Gongcheng Jiliang yu Jijia(Di-er Ban)

策划编辑:康 序
责任编辑:白 慧
责任监印:朱 玢

出版发行:华中科技大学出版社(中国•武汉)   电话:(027)81321913
          武汉市东湖新技术开发区华工科技园   邮编:430223

录　　排:武汉三月禾文化传播有限公司
印　　刷:武汉市籍缘印刷厂
开　　本:787mm×1092mm　1/16
印　　张:15
字　　数:384千字
版　　次:2022年8月第2版第1次印刷
定　　价:45.00元

本书若有印装质量问题,请向出版社营销中心调换
全国免费服务热线:400-6679-118　竭诚为您服务
版权所有　侵权必究

前言

建筑装饰工程预算是在建筑装饰工程施工图纸设计完成的基础上，按工程程序要求，由编制单位根据建筑装饰工程施工图纸、地区建筑装饰工程基础定额和地区建筑装饰工程费用文件等所编制的有关单位建筑装饰工程预算造价的文件。

为了令初学者能灵活、熟练地编制建筑装饰工程预算，更好地理解现行规范、定额，掌握工程量计算方法，编者根据团队成员在工程造价方面的多年实践与教学经验，以现代学徒制理念为导向，引入最新的国家标准《建设工程工程量清单计价规范》(GB 50500—2013)和《房屋建筑与装饰工程工程量计算规范》(GB 50854—2013)，结合《浙江省房屋建筑与装饰工程预算定额》(2018版)，先以定额和清单模式计算工程量相关知识为基础，以工程量计算专业技能提升为主线，再以实例阐述各分部分项工程的计量与计价，最后用实际工程进行招标控制价的编制，编写出《建筑装饰工程计量与计价》一书。

本教材在编写过程中以工程量计算相关知识为基础，以提升工程量计算专业技能为主线，力求在以下几个方面进行创新，形成自身特色：

（1）编写时严格依据国家最新规范、标准和文件，确保内容规范、正确，同时考虑项目列项、工程算量等工作与工程计价的密切联系，其中定额参考的是浙江省最新标准；

（2）在教材每个模块中，都以实际训练任务书和真实工程项目为载体，按照技能训练的具体任务—基础知识—清单与定额项目释义—工程实例拓展训练，力求理论与实际结合，以达到工学交替、掌握知识、提高技能的目的；

（3）教材编写过程中，尽可能做到由浅入深、语言精练、重点突出、通俗易懂，通过大量案例示范解决应用过程中易出现的问题，针对性更强，力求突出实际操作性。

"建筑装饰工程计量与计价"是建筑装饰工程技术专业设置的一门实践性、综合性较强的专业课程，与工程造价、建筑工程技术、工程管理等专业的"建筑工程预算"课程是姊妹篇。因此，本教材不仅适合建筑装饰工程技术专业学生使用，而且适合工程造价、建筑工程技术、工程管理等专业学生使用。

本书由浙江工业职业技术学院林群仙、李小敏，扬州中瑞酒店职业学院阚张飞担任主编；由浙江工业职业技术学院李少和、四川城市职业学院刘卉丽、广东建设职业技术学院黄伟彪、鄂州职业大学任微、浙江工业职业技术学院李邵洋任副主编。绍兴大统工程造价咨询有限公司陈敏负责提供典型工程相关资料。

由于时间仓促,书中仍可能存在不足,恳请各位同仁和读者批评指正。

为了方便教学,本书还配有电子课件等教学资源包,任课教师可以登录"我们爱读书"网(www.ibook4us.com)浏览,还可以发邮件至 husttujian@163.com 索取。

编者
2022 年 5 月

目录

模块1　建筑装饰工程造价基础知识 (1)

　学习情境1　建筑装饰工程计价概述 (3)

　　任务1　绪论 (4)

　　任务2　工程造价 (7)

　　任务3　建筑装饰工程计价 (9)

　学习情境2　建筑装饰工程计价依据及造价确定 (11)

　　任务1　建筑工程预算定额 (13)

　　任务2　工程量清单计价 (25)

　　任务3　建筑安装工程费用的组成及计价程序 (31)

模块2　建筑装饰工程各分部分项工程计量与计价 (41)

　学习情境1　楼地面装饰工程费 (43)

　　任务1　楼地面工程基础知识 (45)

　　任务2　楼地面工程定额计价 (52)

　　任务3　楼地面工程清单计价 (58)

　学习情境2　墙柱面装饰工程费 (63)

　　任务1　墙柱面装饰工程基础知识 (64)

　　任务2　墙柱面工程定额计价 (70)

　　任务3　墙柱面工程清单计价 (78)

　学习情境3　天棚装饰工程费 (83)

　　任务1　天棚工程基础知识 (84)

　　任务2　天棚工程定额计量与计价 (86)

　　任务3　天棚工程清单计价 (90)

　学习情境4　门窗及木结构工程费 (93)

　　任务1　门窗工程基础知识 (95)

　　任务2　门窗及木结构工程定额计价 (100)

任务3　门窗工程清单计价 …………………………………………………………（104）

学习情境5　油漆、涂料、裱糊工程费 …………………………………………………（108）
　　任务1　油漆、涂料、裱糊工程基础知识 ………………………………………………（109）
　　任务2　油漆、涂料、裱糊工程定额计价 ………………………………………………（112）
　　任务3　油漆、涂料、裱糊工程清单计价 ………………………………………………（115）

学习情境6　其他装饰工程费 ……………………………………………………………（119）
　　任务1　其他装饰工程构造及施工工艺 …………………………………………………（120）
　　任务2　其他零星工程定额计量与计价 …………………………………………………（124）
　　任务3　其他零星工程清单计价 …………………………………………………………（127）

学习情境7　措施项目费用 ………………………………………………………………（132）
　　任务1　建筑面积计算规范 ………………………………………………………………（133）
　　任务2　措施项目费用确定 ………………………………………………………………（147）

模块3　建筑装饰工程计量与计价案例 ……………………………………………（159）
　　任务1　招标控制价理论知识 ……………………………………………………………（161）
　　任务2　典型案例招标控制价 ……………………………………………………………（164）

参考文献 …………………………………………………………………………………（234）

模块 1 建筑装饰工程造价基础知识

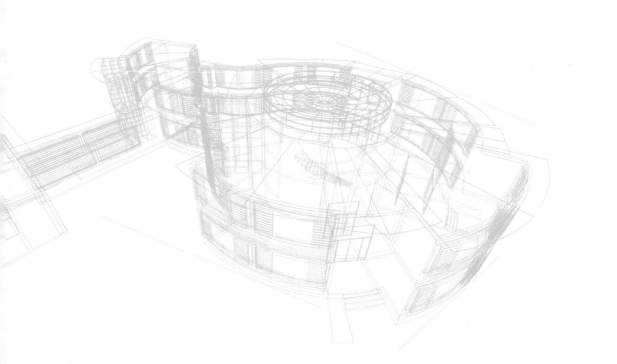

学习情境 1

建筑装饰工程计价概述

课程导入与介绍

建设项目层次划分

建筑装饰计价特征

学习目标

1. 知识目标

（1）了解建筑装饰工程的作用；
（2）了解工程项目的划分；
（3）熟悉基本建设项目的划分；
（4）掌握工程造价的定义和特点；
（5）掌握建筑装饰工程的计价特征和计价方法。

2. 能力目标

（1）能够掌握工程造价的计价特点；

(2) 能熟练掌握施工图预算的概念；
(3) 能掌握建筑装饰工程的计价方法。

■ 知识链接

中国建筑装饰行业起步于20世纪80年代，走过了这样一段峥嵘岁月：1979年至1987年处于起步期；1988年至1992年，在曲折中前行；1993年至1996年，民营企业兴起；1997年至2001年处于稳步发展期；2002年至今，做大做强做长。

建筑装饰工程是指为使建筑物、构筑物内外空间达到一定的使用要求、环境质量要求，而使用装饰材料对建筑物、构筑物外表和内部进行装饰处理的工程建设活动。

根据建筑物的不同使用性质，建筑装饰可分为公共建筑装饰、住宅装饰和幕墙工程三大组成部分；按其装饰效果和建造阶段不同，可分为前期装饰和后期装饰。

随着社会的发展，经济和技术的进步，生活水平的不断提高，人们对建筑装饰工程的要求越来越高。由于建筑装饰工程工艺性强、使用材料档次较高，建筑装饰工程费用占工程总造价的比例也在不断上升。因此，合理、准确地确定建筑装饰工程造价，对于建筑装饰工程管理与技术人员而言，具有极为重要的意义。

■ 课程思政

李克强总理在十二届全国人民代表大会第四次会议上做政府工作报告时提出："努力改善产品和服务供给……鼓励企业开展个性化定制、柔性化生产，培育精益求精的工匠精神，增品种、提品质、创品牌。"精益求精是从业者对每件产品、每道工序都凝神聚力、追求极致的职业品质，也就是指已经做得很好了，还要求做得更好。正如老子所说："天下大事，必作于细。"能基业长青的企业，无不是精益求精才获得成功的。通过对工程造价双定义、工程造价的特点，以及工程计价特征的学习，使学生深刻领悟精益求精的工匠精神，从而树立起对职业敬畏、对工作执着、对产品负责的态度，极度注重细节，不断追求完美和极致，将一丝不苟、精益求精的工匠精神融入每一个环节，做出打动人心的一流产品。

任务 1 绪论

一、课程研究对象与任务

"建筑装饰工程计量与计价"是土木工程多个专业的专业课之一，是建筑装饰企业进行现代化管理的基础，是从研究建筑装饰产品的生产成果与生产消耗之间的数量关系着手，合理地确定完成单位建筑装饰产品的消耗数量标准，从而达到合理地确定建筑装饰工程造价的目的。

建筑装饰产品的生产需要消耗一定的人力、物力、财力,其生产过程受到管理体制、管理水平、社会生产力、上层建筑等诸多因素的影响。在一定的生产力水平条件下,完成一定的合格建筑装饰产品与所消耗的人力、物力、财力之间存在着一种比例关系。这是本课程中工程造价计价依据定额部分研究的主要内容。

建筑装饰产品是一种通常按期货方式进行交易的商品。它具有一般商品的特性。此外,建筑装饰产品自身还有固定性、多样性和体积较大的特点,在生产过程中又具有生产的单件性、施工流动性、生产连续性、露天性、工期长期性、产品质量差异性等独特的技术经济特点。我们应根据这些特点,确定建筑装饰产品价格的构成因素及其计算方法,按照国家规定的特殊计价程序,计算和确定价格。这是本课程中预算部分研究的主要内容。

建筑装饰工程计量与计价课程的任务就是运用马克思的再生产理论,遵循经济规律,研究建筑装饰产品生产过程中其数量和资源消耗之间的关系,积极探索提高劳动生产率,减少物资消耗,降低工程成本,提高投资效益、企业经济效益和社会效益的目的。

本课程涉及的知识面很广,是一门技术性、综合性、实践性和专业性都很强的课程。它以宏观经济学、微观经济学、投资管理学等为理论基础,以建筑识图、建筑装饰识图、建筑力学、建筑装饰材料、装饰施工技术、建筑设备、建筑电气、建筑企业经营管理、项目管理、工程招投标与合同管理等为专业基础,又与国家的方针政策、分配制度、工资制度等有着密切的联系。

本课程学习内容很多,在学习过程中应把重点放在掌握建筑装饰工程造价计价依据的概念和建筑装饰工程计价方法上,熟悉并能使用计价依据的各类定额,熟练使用计价方法编制施工图预算和工程量清单。在学习中应坚持理论联系实际,以应用为重点,注重培养动手能力,勤学勤练,学练结合,最终达到能独立完成施工图预算和工程量清单的编制任务。

二、建设工程项目的划分

建设工程项目按照合理确定工程造价和基本建设管理工作的需要,划分为建设项目、单项工程、单位工程、分部工程、分项工程五个层次。工程量和造价是由局部到整体的一个分部组合计算的过程,认识建设工程项目的划分,对研究工程计量和工程造价的确定与控制具有重要作用。

1. 建设项目

建设项目是指在一个总体设计范围内,按照一个设计意图进行施工的各个项目的总和。一个具体的基本建设工程,通常就是一个建设项目。

建设项目一般来说由几个或若干个单项工程构成,也可以是一个独立工程。在民用建筑中,一所学校、一所医院、一家宾馆、一个机关单位等为一个建设项目;在工业建筑中,一个企业(工厂)、一座矿山为一个建设项目;在交通运输建设中,一条公路、一条铁路为一个建设项目。

2. 单项工程

单项工程是指在一个建设项目中,具有独立的设计文件,竣工后可以独立发挥生产能力或使用效益的工程。单项工程是建设项目的组成部分。工业建筑中的各个生产车间、辅助车间、仓库等以及民用建筑中的教学楼、图书馆、住宅等都是单项工程。

单项工程的造价是由编制单项工程综合概预算来确定的。

3. 单位工程

单位工程一般指竣工后不能独立发挥生产能力或效益,但具有独立的设计文件,能独立组织施工的工程。单位工程是单项工程的组成部分。例如一个生产车间的厂房修建、电器照明、给水排水、机械设备安装、电气设备安装等都是单位工程;住宅单项工程中的土建、给排水、电器照明等也都是单位工程。

单位工程是施工图预算与工程计价的基本编制汇总单位,建筑装饰工程一般就是以单位工程为对象来编制施工图预算的。

4. 分部工程

按照单位工程的工程部位、设备种类和型号、使用材料的不同,可将一个单位工程划分为若干个分部工程。如建筑装饰单位工程可以分为楼地面工程、墙柱面工程、天棚工程、门窗工程等分部工程。

5. 分项工程

分项工程是分部工程的组成部分。它是按照不同的施工方法、不同的材料性质等,对分部工程进一步划分的,通过较简单的施工过程就能完成,以适当的计量单位就可以计算工程量及其单价的建筑装饰工程的产品。如墙柱面装饰工程中的内墙瓷砖饰面工程,楼地面工程中的拼花大理石楼地面、拼图案广场砖等。

分项工程没有独立存在的意义,它只是为了便于计算建筑装饰工程造价而分解的"假定产品"。

《建设工程工程量清单计价规范》中的每个分项工程是建筑物或构筑物实体的组成部分,也称为实体分项工程。例如,桩基础工程可分为钢筋混凝土预制桩、人工挖孔灌注桩、钻孔灌注桩、打管灌注桩、砂石灌注桩、旋喷桩等。

为了便于确定每个实体分项工程的用工、用料、机械台班及资金消耗量,我们可以将每个实体分项工程进一步划分为若干个子(分)项工程。子(分)项工程一般按照施工工艺、施工工序或者不同规格的材料进行划分,每个子(分)项工程的工作内容比较单一。

子(分)项工程是确定定额消耗的基本单元,子(分)项工程的用工、用料及机械台班消耗量是计算工程费用的基础,企业的子(分)项消耗定额是企业投标报价的基础资料。

任务 2 工程造价

一、工程造价的含义

工程造价的字面意思就是工程的建造价格。这里所说的工程,泛指一切建设工程,它的范围具有很大的不确定性。由此,工程造价的含义有以下两种。

第一种含义:工程造价是指进行某项工程建设花费的全部费用,即该工程项目有计划地进行固定资产再生产,形成相应无形资产和铺底流动资金的一次性费用总和。显然,这一含义是从投资者——业主的角度来定义的。投资者选定一个项目后,就要通过项目评估进行决策,然后进行设计招标、工程招标,到竣工验收等一系列投资管理活动。在投资活动中所支付的全部费用形成了固定资产和无形资产,所有这些开支就构成了工程造价。从这个意义上说,工程造价就是工程投资费用,建设项目工程造价就是建设项目固定资产投资。

第二种含义:工程造价是指工程价格,即为建成一项工程,预计或实际在土地市场、设备市场、技术劳务市场等交易活动中所形成的建筑安装工程的价格和建设工程总价格。显然,这一含义是以社会主义商品经济和市场经济为前提。它是以工程这种特定商品的形成作为交换对象,通过招投标、承发包或其他交易形式,在进行多次预估的基础上,最终由市场形成的价格。通常把工程造价的第二种含义认定为工程承发包价格。

所谓工程造价的两种含义是以不同角度把握同一事物的本质。对建设工程的投资者来说,工程造价就是项目投资,是"购买"项目付出的价格,也是投资者作为市场供给主体"出售"项目时定价的基础。对承包商来说,工程造价是他们作为市场供给主体出售商品和劳务的价格的总和,或特指一定范围的工程造价,如建筑安装工程造价。

二、工程造价的特点

1) 工程造价的大额性

要发挥工程项目的投资效用,其工程造价都非常昂贵,动辄数百万、数千万,特大的工程项目造价可达百亿人民币。

2) 工程造价的个别性、差异性

任何一项工程都有特定的用途、功能和规模。因此,对每一项工程的结构、造型、空间分割、设备配置和内外装饰都有具体的要求,所以工程内容和实物形态都具有个别性、差异性。产品的差异性决定了工程造价的个别性、差异性。同时,每期工程所处的地理位置也不相同,使这一特点得到了强化。

3) 工程造价的动态性

任何一项工程从决策到竣工交付使用,都有一个较长的建设期间,在建设期内,往往由不可控制因素造成许多影响工程造价的动态因素。如设计变更、材料、设备价格、工资标准以及取费费率的调整,贷款利率、汇率的变化,都必然会影响工程造价的变动。所以,工程造价在整个建设期处于不确定状态,直至竣工决算后才能最终确定工程的实际造价。

4) 工程造价的层次性

工程造价的层次性取决于工程的层次性。一个建设项目往往包含多项能够独立发挥生产能力和工程效益的单项工程。一个单项工程又由多个单位工程组成。与此相对应,工程造价有三个层次,即建设项目总造价、单项工程造价和单位工程造价。如果专业分工更细,分部分项工程也可以作为承发包的对象,如大型土方工程、桩基础工程、装饰工程等。这样工程造价的层次因增加分部工程和分项工程而变成五个层次。即使从工程造价的计算程序和工程管理角度来分析,工程造价的层次也是非常明确的。

5) 工程造价的兼容性

工程造价的兼容性首先表现在本身具有的两种含义,其次表现在工程造价构成的广泛性和复杂性。工程造价除包括建筑安装工程费用、设备及工器具购置费用外,征用土地费用、项目可行性研究费用、规划设计费用、与一定时期政府政策(产业和税收政策)相关的费用占有相当的份额。盈利的构成较为复杂,资金成本较大。

链接

算清工程造价 助力行业发展

他没有慷慨激昂的话语、轰轰烈烈的壮举,只有几十年如一日的默默奉献;他是无数建设工程造价从业者中的一员,助力建设工程的质量和安全;他热爱工程量计算、材料价格发布及造价纠纷调解工作。他就是福建省龙岩市建设工程造价管理站站长、党支部书记涂德耀。

1992年,涂德耀进入龙岩市建设系统,开始从事工程造价管理工作。他立足岗位、坚守主业,几十年如一日,各项工作表现出色,合理确定和有效控制政府、国有投资,是建设工程造价管理工作的重要内容⋯⋯多年来,他主导或参与的项目多达40多个,为政府、国有企业节省了大量投资。

辛勤耕耘,收获硕果。涂德耀先后获得国家级管理理论创新先进个人和省工程造价管理先进工作者、省建设工程项目执法监察工作先进个人、省建设工程造价行业"最美造价人"等称号。他带领的龙岩市建设工程造价管理站获得了全国工程建设标准定额工作先进集体、省建设工程造价管理工作先进集体、省"最美造价人单位"等荣誉。

任务 3 建筑装饰工程计价

一、建筑装饰工程计价的概念

建筑装饰工程计价是指对建筑装饰工程项目造价（或价格）的计算，亦称为工程造价计价。由于每一个工程项目都需要按业主的特定需要单独设计，在具体建设过程中又具有生产的单件性，生产周期长，价值高，受气候、施工方案、施工机械影响较大。因此工程项目造价的形成和计取与其他商品不同，只能以特殊的程序和方法进行工程计价。工程计价的主要特点就是将一个工程项目分解成若干分部、分项工程或按有关计价依据规定的若干基本子目，找到合适的计量单位，采用特定的估价方法进行计价，组合汇总后得到该工程项目的造价。

二、建筑工程计价特征

建筑工程产品的固定性、多样性、体量大及其生产的流动性、单件性、周期长等特点决定了建筑工程计价具有以下特征。

1. 单件性

建筑产品生产的单件性决定了每个工程项目都必须根据工程自身的特点按一定的规则单独计算造价。

2. 多次性

由于建设工程生产周期长、规模大、造价高，因此必须按基本建设规定程序分阶段计算工程造价，以保证工程造价确定与控制的科学性。对不同阶段实行多次性计价是一个从粗到细、从浅到深、由概略到精确、逐步接近实际造价的过程。从投资估算、设计概算、施工图预算、工程量清单计价到承包合同价，再到各项工程的结算价以及在结算价基础上编制竣工决算，最后确定工程的实际造价，在计价过程中各个环节之间相互衔接，前者制约后者，后者补充前者。

施工图预算是施工单位在工程开工之前，根据已批准的施工图，在预定的施工方案或施工组织设计的前提下，按照现行统一的建筑工程预算定额、工程量计算规则及各种取费标准等，逐项计算汇总编制而成的工程费用文件。

3. 组合性

工程项目的层次性和工程计价自身的特点决定了工程计价是按照分部、分项或基本子项工程→单位工程→单项工程→建设项目依次逐步组合的计价过程。

4. 计价形式和方法的多样性

工程计价的形式和方法有多种,目前常见的工程计价方法包括定额计价法和工程量清单计价法,通常定额计价法理解为工料单价法,工程量清单计价法理解为综合单价法。

5. 计价依据的复杂性

由于影响工程造价的因素很多,因此计价依据种类繁多且复杂。计价依据是指计算工程造价所依据的基础资料总称。它包括各种类型的定额与指标、设计文件、招标文件、工程量清单、计价规范、人工单价、材料价格、机械台班单价、施工方案、取费定额及有关部门颁发的文件和规定等。

三、工程计价的基本方法

1. 定额计价法

定额计价法即工料单价法。它是指项目单价采用分部分项工程的不完全价格(包括人工费、材料费、施工机械台班使用费)进行计算的一种计价方法。我国现行的定额计价法有两种：一种是单价法,单价法编制施工图预算按图1-1所示步骤进行;另一种是实物法,实物法编制施工图预算按图1-2所示步骤进行。

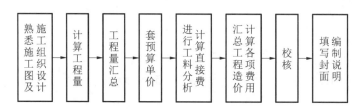

图1-1 单价法编制施工图预算的示意图

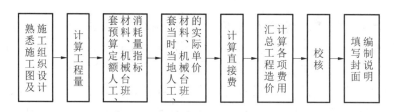

图1-2 实物法编制施工图预算的示意图

2. 工程量清单计价法

工程量清单计价法即综合单价法。它是指完成工程量清单中一个规定计量单位项目的完全价格(包括人工费、材料费、施工机械台班使用费、企业管理费、利润、风险费用)的一种计价方法。工程量清单计价法是一种国际通行的计价方式。

学习情境 2

建筑装饰工程计价依据及造价确定

2016关于建筑业实施营改增后浙江省建设工程计价规则调整的通知

GB50854-2013 房屋建筑与装饰工程工程量计算规范

预算定额的组成

工程量清单编制

按费用构成要素划分组成

建标44号-费用组成文件

建筑预算定额（浙江2018版，下册）

营改增后浙江省建设工程施工取费费率

浙江2018建筑定额说明与计量规则（装饰相关部分）

工人工作时间

学习目标

1. 知识目标

（1）熟悉浙江省建筑工程预算定额的组成；

（2）了解建筑工程预算定额表的组成；

（3）熟悉建设工程工程量清单计价规范；

（4）掌握浙江省建筑工程预算定额的应用；

（5）掌握建筑装饰工程造价的确定。

2. 能力目标

（1）能熟练掌握浙江省建筑工程预算定额的应用；

(2) 能掌握建筑装饰工程造价的确定。

知识链接

工程造价的确定需要依据相关基础资料。浙江省的建筑装饰工程目前所依据的预算定额就是《浙江省房屋建筑与装饰工程预算定额》(2018版),分为上下两册,其中下册的内容为建筑装饰部分,包括楼地面装饰工程,墙、柱面装饰与隔断、幕墙工程,天棚工程,油漆、涂料、裱糊工程,以及其他装饰工程等。因此,需要熟悉并能灵活运用建筑装饰工程所对应的预算定额,以及相关知识。

课程思政

我国是法治国家,从党的十一届三中全会提出"有法可依、有法必依、执法必严、违法必究"的社会主义法制建设十六字方针,到十八大报告提出"科学立法、严格执法、公正司法、全民守法"的新十六字方针,中国法治建设的方针更加关注立法的科学性、司法的公正性和全民守法的基础性地位。在新时代,以习近平同志为核心的党中央坚持拓展中国特色社会主义法治道路,带领中国人民凝心聚力、团结奋斗,在新的历史起点上全面推进法治中国建设的伟大征程。因此,为了合理确定工程费用,我们应该学习建筑装饰工程造价计价依据,遵守行业规范,养成良好的职业道德和遵纪守法的习惯。

链接

定额的起源与发展

定额是企业管理的一门分支学科,形成于19世纪末。企业管理成为科学,始于弗雷德里克·温斯洛·泰罗(1856—1915年)。泰罗是美国的工程师,他为了提高工人的劳动效率,从1880年开始进行了各种试验,努力把当时科学技术的最新成就应用于企业管理。泰罗通过研究,于1911年发表了著名的《科学管理原理》一书,由此开创了科学管理的先河,并提出了一整套系统的、标准的科学管理方法,形成了有名的"泰罗制"。"泰罗制"的核心是:制定科学的工时定额,实行标准的操作方法,强化和协调职能管理,实行有差别的计件工资制。

我国建筑工程定额从无到有,从不完善到逐步完善,经历了一个从分散到集中,从集中到分散,又由分散到统一领导与分级管理相结合的发展过程。

中华人民共和国成立以来,国家十分重视建筑工程定额的测定和管理工作。1955年,劳动部和建筑工程部联合编制了《全国统一建筑安装工程劳动定额》,1957年又在1955年的基础上进行了修订。这以后,国家建委将预算定额的编制和管理工作下放到各省(市),各地区先后组织编制了本地区使用的建筑工程预算定额。

党的十一届三中全会以后,工程建设定额管理得到了进一步发展,1983年成立了基本建设标准定额局,负责组织制定工程建设定额。1988年定额局归入建设部,成立了标准定额司。此期间陆续编制、颁发了许多建筑定额:

1981年,原国家建委印发了《建筑工程预算定额》(修改稿);

1986年,原国家计委印发了《全国统一安装工程预算定额》,共计十五册;

1988年,建设部编制了《仿古建筑及园林工程预算定额》,共计四册;

1992年,建设部颁发了《建筑装饰工程预算定额》;

1995年,建设部颁发了《全国统一建筑工程基础定额》(土建部分)及《全国统一建筑工程预算工程量计算规则》,各省、自治区、直辖市在此基础上编制了新的地区建筑工程预算定额;

2003年,建设部颁发了《建设工程工程量清单计价规范》(GB 50500—2003),并于2003年7月1日起执行;

2008年,住房和城乡建设部颁发了《建设工程工程量清单计价规范》(GB 50500—2008),并于2008年12月1日起执行;

2009年,住房和城乡建设部、人力资源和社会保障部联合颁发了《建设工程劳动定额:建筑工程》,并于2009年3月1日起实施。

现行的有关建筑工程的清单计价规范有《建设工程工程量清单计价规范》(GB 50500—2013)、《房屋建筑与装饰工程工程量计算规范》(GB 50854—2013),浙江省的预算定额最新版本为《浙江省房屋建筑与装饰工程预算定额》(2018版)。

由此可见,目前国家对工程建设定额的制定和管理是十分重视的,同时说明在现阶段,各类定额仍是工程建设的主要依据之一。

任务 1 建筑工程预算定额

一、概述

1. 建筑工程定额的概念

建筑工程定额是指在正常施工条件下,完成一定计量单位的合格产品所必须消耗的劳动力、材料和机械台班的数量标准。还规定了所完成的产品规格或工作内容,以及所要达到的质量标准和安全要求。

正常施工条件,是指生产过程按生产工艺和施工验收规范操作,施工条件完善,劳动组织合理,机械运转正常,材料储备合理。

2. 工程定额的分类

工程定额的分类如图1-3所示。

二、人工消耗定额

1. 人工消耗定额的概念

人工消耗定额也称劳动定额,是指在一定的生产组织条件下,生产单位合格产品所需要的

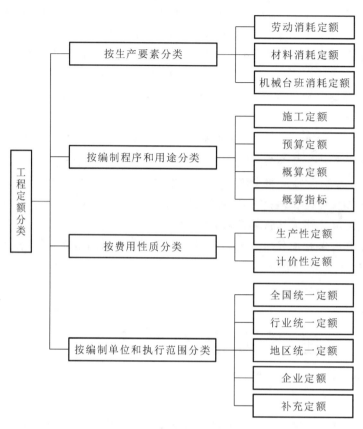

图1-3 工程定额分类

劳动消耗量标准。

劳动定额是表示建筑工人劳动生产率的指标,是施工定额的重要组成部分。按表现形式分为时间定额和产量定额。

(1) 时间定额是指某种专业的工人班组或个人,在合理的劳动组织和合理使用材料的条件下,完成单位合格产品所必须消耗的工作时间。

(2) 产量定额是指某种专业的工人班组或个人,在合理的劳动组织与合理使用材料的条件下,单位时间内完成合格产品的数量。

时间定额与产量定额在数值上是互为倒数的关系,即

$$时间定额 = \frac{1}{产量定额}$$

或

$$时间定额 \times 产量定额 = 1$$

2. 工人工作时间的分类

工人工作时间即工人在工作班内消耗的时间,按其消耗的性质可分为定额时间和非定额时间,如图1-4所示。

(1) 定额时间:工人在正常的施工条件下,完成一定数量的产品所必须消耗的工作时间。它包括有效工作时间、不可避免的中断时间和休息时间。

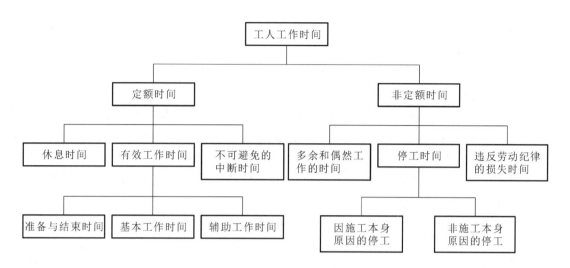

图 1-4 工人工作时间的分析

① 有效工作时间是指与完成产品有直接关系的时间消耗。它包括准备与结束时间、基本工作时间和辅助工作时间。准备与结束时间指工人在执行任务前的准备工作和完成任务后的结束工作所需消耗的时间。基本工作时间指与施工过程的技术操作有直接关系的时间消耗。辅助工作时间指为了保证基本工作顺利进行而做的与施工过程的技术操作没有直接关系的工作所消耗的时间。

② 不可避免的中断时间：工人在施工过程中由于技术操作和施工组织的原因而引起的工作中断所消耗的时间。

③ 休息时间：在施工过程中，工人为了恢复体力所必需的暂时休息，以及工人的生理要求（如喝水、大小便等）所必须消耗的时间。

(2) 非定额时间包括以下三种。

① 多余和偶然工作的时间：在正常的施工条件下不应发生的时间消耗，以及由于意外情况所引起的工作所消耗的时间。

② 停工时间：在施工过程中，由于施工本身和非施工本身的原因而造成停工的损失时间。前者是由施工组织和劳动组织不善，材料供应不及时，施工准备工作没做好而引起的停工时间。后者是由于外部原因，例如水电供应临时中断以及气候条件（如大雨、风暴、酷热等）所造成的停工时间。

③ 违反劳动纪律的损失时间：工人不遵守劳动纪律而造成的损失时间，如迟到、早退、私自离开工作岗位、工作时间聊天等。

3. 编制劳动定额的基本方法

编制劳动定额的基本方法有技术测定法、统计分析法、比较类推法和经验估计法。

4. 劳动定额的作用

劳动定额的作用主要如下。

（1）合理组织劳动的重要依据。现代化生产要求把每个人的活动在时间和空间上协调起来，缩短生产周期，对完成每件产品或每项工作有严格的时间要求，企业有了先进合理的劳动定额，才能合理配备劳动力，保证生产协调进行。

（2）计划管理的基础。劳动定额是计算产量、成本、劳动生产率等各项经济指标和编制生产、作业、成本和劳动计划的依据。

（3）实行全面经济核算和完善经济责任制的工具。劳动定额是核算和比较人们在生产中的劳动消耗和劳动成果的标准。贯彻劳动定额，提高定额的完成率，就意味着降低产品中活劳动的消耗，节省人力，提高生产效率。通过劳动定额核算和准确地规定包干基数和分成比例，把生产任务层层分解，落实到车间、班组和个人，明确和督促其所承担的经济责任，有利于完善和推行企业经营责任制。

（4）企业中贯彻按劳分配原则的条件。劳动定额是衡量劳动者在生产中支付劳动量和贡献大小的尺度。在评定职工工资时，除技术业务能力外，完成定额的程度是评定条件之一。有先进合理的劳动定额，就可以核算劳动者的劳动数量和质量，保证一定量的劳动领取一定量的报酬。

（5）开展劳动竞赛，不断提高劳动生产率的重要手段。贯彻先进合理的劳动定额，既便于推广先进经验和操作方法，又有利于开展学先进、超先进的竞赛。

三、材料消耗定额

1. 材料消耗定额的概念

材料消耗定额简称材料定额，它是指在节约和合理使用材料的条件下，生产单位生产合格产品所需要消耗一定品种规格的材料、半成品、配件和水、电、燃料等的数量标准，包括材料的使用量和必要的工艺性损耗及废料数量。

在一般的工艺与民用建筑中，材料消耗占工程成本的60%～70%，材料消耗量的多少，消耗是否合理，直接关系到资源的有效利用，对建筑工程的造价确定和成本控制有决定性影响。

材料消耗定额管理的任务，就在于利用定额这个经济杠杆，对物资消耗进行控制和监督，达到降低物耗和工程成本的目的。

2. 材料消耗定额的组成

施工中消耗的材料可分为必须消耗的材料和损耗的材料两类。

必须消耗的材料是指在合理使用材料的条件下，生产单位合格产品所需消耗的材料数量。它包括直接用于建筑和工程的材料、不可避免的施工废料和不可避免的材料损耗。其中直接用于建筑安装工程实体的材料用量称为材料净用量；不可避免的施工废料和材料损耗数量称为材料损耗量。

材料的消耗量由材料净用量和材料损耗量组成，即

$$总消耗量 = 净用量 + 损耗量$$

$$损耗率 = 损耗量/净用量 \times 100\%$$

$$总消耗量＝净用量\times(1＋损耗率)$$

所以,制定材料消耗定额,关键是确定净用量和损耗率。

3. 材料消耗定额的制定

根据材料使用的次数不同,可分为非周转性材料和周转性材料两类。

非周转性材料也称为直接性材料。它是指施工中一次性消耗并直接构成工程实体的材料,如砖、瓦、灰、砂、石、钢筋、水泥、工程用木材等。

周转性材料是指在施工过程中能多次使用、反复周转但并不构成工程实体的工具性材料,如模板、活动支架、脚手架、支撑、挡土板等。

1) 非周转性材料消耗定额的制定

非周转性材料消耗定额的制定方法包括观测法、试验法、统计法、理论计算法。

(1) 观测法是对施工过程中实际完成产品的数量进行现场观察、测定,再通过分析、整理和计算确定建筑材料消耗定额的一种方法。

这种方法最适宜制定材料的损耗定额。因为只有通过现场观察、测定,才能正确区分哪些属于不可避免的损耗,哪些属于可以避免的损耗。

用观测法制定材料的消耗定额时,所选用的观测对象应符合下列要求:

① 建筑物应具有代表性;

② 施工方法符合操作规范的要求;

③ 建筑材料的品种、规格、质量符合技术、设计的要求;

④ 被观测对象在节约材料和保证产品质量等方面有较好的成绩。

(2) 试验法是通过专门的仪器和设备在实验室内确定材料消耗定额的一种方法。

这种方法适用于能在实验室条件下进行测定的塑性材料和液体材料(如砼、砂浆、沥青、油漆涂料及防腐材料等)。

例如:可测定出砼的配合比,然后计算出每立方米砼中的水泥、砂、石、水的消耗量。由于实验室比施工现场具有更好的工作条件,所以能更深入、详细地研究各种因素对材料消耗的影响,从而得到比较准确的数据。但是,在实验室中无法充分估计到施工现场中某些外界因素对材料消耗的影响。因此,实验室条件要尽量与施工过程中的正常施工条件保持一致,同时在测定后用观测法进行审核和修正。

(3) 统计法是指在施工过程中,对分部分项工程所拨发的各种材料数量、完成的产品数量和竣工后的材料剩余数量,进行统计、分析、计算,来确定材料消耗定额的方法。

这种方法简便易行,不需组织专人观测和试验。但应注意统计资料的真实性和系统性,要有准确的领退料统计数字和完成工程量的统计资料。对统计对象也应加以认真选择,并注意和其他方法结合使用,以提高所拟定额的准确程度。

(4) 理论计算法是根据施工图纸和其他技术资料,用理论公式计算出产品的材料净用量,从而制定出材料的消耗定额。

这种方法主要适用于制定块状、板状和卷筒状产品(如砖、钢材、玻璃、油毡等)的材料消耗定额。

例如块料镶贴中材料消耗量的计算,一般以 100 m² 镶贴面为单位,采用以下公式计算:

$$块料消耗量 = \frac{100}{(块料长+灰缝)(块料宽+灰缝)} \times (1+损耗率)$$

例 1-1 地面贴 800 mm×800 mm 地砖，灰缝为 10 mm，损耗率为 2.0%，试计算 100 m² 地面地砖消耗量。

解 地面地砖消耗量 $= \dfrac{100}{(0.8+0.01)(0.8+0.01)} \times (1+2.0\%)$ 块 $= 155$ 块

2）周转性材料消耗定额的制定

周转性材料的消耗定额应该按照多次使用、分次摊销的方法确定。

摊销量是指周转材料一次使用在单位产品上的消耗量，即应分摊到每一单位分项工程或结构构件上的周转材料消耗量。周转性材料消耗定额一般与下面四个因素有关。

（1）一次使用量：第一次投入使用时的材料数量，根据构件施工图与施工验收规范计算。一次使用量供建设单位和施工单位申请备料和编制施工作业计划使用。

（2）损耗率：在第二次以及以后各次周转中，每周转一次因损坏不能复用，必须另作补充的数量占一次使用量的百分比，又称平均每次周转补损率。用统计法和观测法来确定。

（3）周转次数：按施工情况和经验确定。

（4）回收量：平均每周转一次可以回收材料的数量。这部分数量应从摊销量中扣除。

四、机械台班消耗定额

1. 机械台班消耗定额的定义

机械台班消耗定额是指某种机械在合理的劳动组织和正常施工条件下，由熟练工人或班组操纵机械，单位时间内完成质量合格产品的数量。计量单位为 m³（或 m²、m、t 等）每台班（或工日）。

一台机械工作一个班次（即 8 小时）称为一个台班。

机械台班定额又称机械台班使用定额，根据其表现形式的不同，可分为机械时间定额、机械产量定额，以及机械和人工共同工作时的人工定额三种。

1）机械时间定额

机械时间定额是指在合理劳动组织与合理使用机械的条件下，完成单位合格产品所必须消耗的时间。机械时间定额以"台班"或"台时"为单位。

$$单位产品的机械时间定额（台班） = 1/机械台班产量$$

2）机械产量定额

机械产量定额是指在合理劳动组织和合理使用机械的条件下，某种机械在一个台班的时间内，所必须完成的合格产品的数量。

$$机械产量定额 = 1/机械时间定额$$

由此可见，机械时间定额和机械常量定额之间是互为倒数的关系

3）机械和人工共同工作时的人工定额

由于机械必须由人工小组配合使用，所以完成单位合格产品的时间定额应包括人工时间

定额。

$$单位产品人工时间定额＝小组成员工日数总和/台班产量$$

2. 机械工作时间的分类

机械工作时间的分类如图 1-5 所示。

(1) 机械定额时间包括机械的有效工作时间、不可避免的无负荷时间、不可避免的中断时间三部分。

① 有效工作时间：正常负荷下的工作时间和降低负荷下的工作时间。其中降低负荷下的工作时间是指由于受施工操作条件、材料特性的限制，机械在低于其规定的负荷下工作的时间。

② 不可避免的无负荷时间：由施工过程的特点和机械的特性所造成的无负荷工作时间。如铲运机返回到铲土地点。

③ 不可避免的中断时间：由技术操作和施工过程组织的特性而造成的机械工作中断时间。又可分为与操作有关的不可避免的中断时间及与机械有关的不可避免的中断时间。

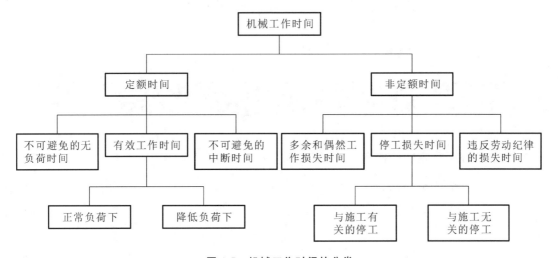

图 1-5 机械工作时间的分类

(2) 机械非定额时间包括以下几种。

① 多余和偶然工作损失时间：可以避免的机械无负荷下的工作或者在负荷下的多余工作所消耗的时间。前者如工人没及时给混凝土装料而引起的空转，后者如搅拌机搅拌混凝土时超过规定的搅拌时间。

② 停工损失时间：由施工本身和非施工本身造成的停工时间。前者是施工组织不善、机械维护不良引起的停工，后者是气候条件（暴风雨等）和外来的原因（如水、电源中断）引起的停工。

③ 违反劳动纪律的损失时间：由工人迟到、早退及其他违反劳动纪律的行为而引起的机械停歇。

3. 机械台班定额的编制

1) 拟定机械工作的正常施工条件

机械工作与人工操作相比，其劳动生产率与施工条件密切相关，拟定机械施工条件，主要是拟定工作地点的合理组织,拟定施工机械的作业方法,确定配合机械作业的施工小组的组织;确定机械工作班制度等。

2）确定机械净工作效率

确定机械净工作效率即确定机械纯工作1小时的正常生产率,也就是在正常施工组织条件下,具有必需的知识和技能的技术工人操纵机械工作1小时的生产率。

3）确定机械的正常利用系数

正常利用系数是指机械在施工作业班内对作业时间的利用率,是扣除了生产中各种不可避免的停歇时间（如加燃料、换班、中间休息等）及不可避免的无负荷工作时间之后的实际台班工作时间与机械工作班时间的比值。

$$机械的正常利用系数=工作班净工作时间/工作班延续时间$$

4）计算施工机械定额台班

$$施工机械台班产量定额=机械生产率×工作班延续时间×机械利用系数$$
$$施工机械时间定额=1/施工机械台班产量定额$$

5）拟定工人小组的定额时间

工人小组的定额时间是指配合施工机械作业的工人小组的工作时间的总和。

五、建筑工程预算定额

1. 建筑工程预算定额的概念

建筑工程预算定额简称预算定额,是指在合理的施工条件（合理的劳动组织和合理使用材料与机械）下,完成一定计量单位的分项工程或结构构件所必需的人工、材料、机械台班的消耗量标准。

预算定额作为一种数量标准,除了规定完成一定计量单位的分项工程或结构构件所需人工、材料、机械台班的数量外,还必须规定完成的工作内容和相应的质量标准及安全要求等内容。

预算定额是由国家主管机关或被授权单位组织编制并颁布执行的一种技术经济指标,是工程建设中一种重要的技术经济文件。它的各项指标反映了国家对承包商和业主在完成施工承包任务中可以消耗的活劳动和物化劳动的限度规定,这种限度体现了业主与承包商的一种经济关系,最终决定了一个项目的建设工程成本和造价。

浙江省按照相应要求已经颁布并执行《浙江省房屋建筑与装饰工程预算定额》(2018版),而建筑装饰工程预算所要参考的预算定额主要就在《浙江省房屋建筑与装饰工程预算定额》(2018版)的下册中。

2. 建筑工程预算定额编制原则

为保证预算定额的质量,充分发挥预算定额的作用,在编制预算定额时要遵循以下几项原则。

1) 按社会平均必要劳动确定预算定额水平

社会平均必要劳动即社会平均水平,也就是在社会正常生产条件下,合理施工组织好工艺的条件下,以社会平均劳动强度、平均劳动熟练程度、平均技术装备水平确定完成每一分项工程或结构构件所需的劳动消耗。这是因为预算定额要综合考虑不同企业、不同地区、不同工人之间存在的水平差距,主要反映大多数地区、企业和工人经过努力能够达到和超过的水平。

2) 简明适用、通俗易懂

预算定额的内容和形式,既要满足各方面的适用性,又要便于使用,要做到定额项目设置齐全,项目划分合理,定额步距适当,文字说明清楚、简练、易懂。在预算定额的编制中,项目应尽可能齐全完整,要将已成熟和得到推广的新技术、新结构、新材料、新工艺项目编入定额,还应注意定额项目计量单位的选择和简化工程量计算。

3) 统一性和差别性相结合

统一性就是从培育全国统一市场规范计价行为出发,计价定额的制定规划和组织实施由国务院建设行政主管部门归口管理,并由其负责全国统一定额的制定或修订,颁发有关工程造价管理的规章制度等。这样就有利于通过定额和工程造价的管理实现建筑安装工程价格的宏观调控。通过编制全国统一定额,使建筑安装工程具有一个统一的计价依据,也使考核设计和施工的经济效果具有一个统一的尺度。差别性则是指在统一性基础上,各部门和省、自治区、直辖市主管部门可以在自己的管辖范围内,根据本部门和地区的具体情况,制定部门和地区性定额、补充性制定和管理办法,以适应我国幅员辽阔,地区间、部门间发展不平衡和差异大的实际情况。

3. 预算定额的组成

《浙江省房屋建筑与装饰工程预算定额》(2018版)是编制施工图预算的主要依据。它分上下两册,装饰工程的内容主要在下册。它的组成和内容一般包括总说明、建筑面积计算规则、分部分项工程定额说明及计算规则、定额项目表、定额附录等。

1) 总说明

总说明是对定额的使用方法及上、下册的共性问题所做的综合说明和规定,所以使用定额必须熟悉和掌握总说明内容,以便对整个定额预算有全面的了解。总说明要点如下。

① 装饰工程预算定额的适用范围、指导思想及目的和作用。

② 装饰工程预算定额的编制原则、编制依据及上级主管部门下达的编制或修订文件的精神。

③ 使用装饰工程定额必须遵守的规则及其适用范围。

④ 装饰工程预算定额在编制过程中已经考虑的和没有考虑的因素及未包括的内容。

⑤ 装饰工程预算定额所采用的材料规格、材质标准、允许或不允许换算的原则。

⑥ 各部分装饰工程预算定额的共性问题,有关统一规定及使用方法。

2) 建筑面积计算规则

建筑面积是建设单位取费或工程造价的基础,是分析建筑装饰工程技术经济指标的重要数据,是计划和统计的指标依据。必须根据国家有关规定(有些省还有补充规定),对建筑面积的计算做出统一的规定。

3) 分部工程定额

《浙江省房屋建筑与装饰工程预算定额》(2018版)下册按工程结构类型结合形象部位,划分为八个分部工程,建筑装饰工程主要分布在第十一章至第十九章,如表1-1所示。

表1-1 建筑装饰工程在预算定额中的分布

章节	分部工程名称
第十一章	楼地面装饰工程
第十二章	墙、柱面装饰与隔断、幕墙工程
第十三章	天棚工程
第十四章	油漆、涂料、裱糊工程
第十五章	其他装饰工程
第十六章	拆除工程
第十八章	脚手架工程
第十九章	垂直运输工程

每个分部工程又由分部说明、工程量计算规则、定额节和定额表等组成。

分部说明是对本部分的编制内容、编制依据、使用方法和共性问题所做的说明和规定。

工程量计算规则是对本分部各分项工程量计算规则和定额节所做的统一规定。

定额节是分部工程中技术因素相同的分项工程的集合,是定额最基本的表达单位。例如:楼地面工程的定额节是按不同施工工艺和部位(如整体面层、块料面层、橡塑面层、其他材料面层、踢脚线、楼梯装饰、扶手等)进行划分的。

定额表是定额基本表现形式,基本格式如表1-2所示。

表1-2 细石混凝土楼地面预算定额表

工作内容:1.细石混凝土搅拌捣平、压实;2.调运砂浆、抹平、压光。　　　　　计量单位:100 m²

定额编号				11-5	11-6
项目				细石混凝土找平层(厚 mm)	
				30	每增减1
基价/元				2467.82	47.39
其中	人工费/元			1189.01	4.81
	材料费/元			1275.80	42.47
	机械费/元			3.01	0.11
	名称	单位	单价/元	消耗量	
人工	三类人工	工日	155.00	7.671	0.031
材料	非泵送商品混凝土 C20	m³	412.00	3.030	0.101
	干混地面砂浆 DS M20.0	m³	443.08	—	—
	聚乙烯薄膜	m²	0.86	—	—
	水	m³	4.27	0.400	—
	其他材料费	元	1.00	25.73	0.86
机械	干混砂浆罐式搅拌机 20000 L	台班	193.83	—	—
	混凝土振捣器 平板式	台班	12.54	0.240	0.009

每个定额表列有工作内容、计量单位、项目名称、定额编号、定额基价以及人工、材料和机械等的消耗定额。有时在定额表下还列有附注,说明设计有特殊要求时怎样使用定额,以及其他应做必要解释的问题。

4) 附录

附录是定额的有机组成部分,浙江省预算定额附录由四部分组成:砂浆、混凝土强度配合比;单独计算的台班费用;建筑工程主要材料损耗率取定表;人工、材料(半成品)、机械台班单价取定表。

4. 定额计量单位的选定

在装饰工程定额编制过程中,确定了定额项目名称和工程内容以及施工方法后,就要确定定额的计量单位。定额计量单位的选择原则如表1-3所示。

表1-3 定额计量单位的选择原则

序号	根据物体特征及变化规律	定额计量单位	实 例
1	断面形状固定,长度不定	延长米	木装饰、踢脚线等
2	厚度固定,长宽不定	m^2	楼地面、墙、面、屋面、门窗等
3	长、宽、高都不固定	m^3	土石方、砖石、混凝土、钢筋混凝土等
4	面积或体积相同,质量和价格差异大	t 或 kg	金属构件等
5	形体变化不规律者	台、件、套、个、根	零星装修、给排水管道工程等

注:扩大计量单位在定额中可表示为 $10\ m^3$、$100\ m^2$、$10\ m$ 等。

定额消耗计量单位及精确度的选择方法如表1-4所示。

表1-4 定额消耗计量单位及精确度的选择方法

项 目		单 位	小数位数取定
人工		工日	取二位小数
主要材料及成套设备	木材	m^3	取三位小数
	钢材	t	取三位小数
	铝合金型材	kg	取二位小数
	水泥		取二位小数
	通风设备、电气设备	台	取整数
	其他材料	元	取二位小数
机械		台班	取二位小数
砂浆、混凝土等		m^3	取三位小数
定额基价(单价)		元	取二位小数

5. 预算定额的应用

预算定额是编制施工图预算、确定工程造价的主要依据,定额应用正确与否直接影响建筑工程造价。在编制施工图预算应用定额时,通常会遇到以下三种情况:定额的直接套用、换算和补充。

1) 预算定额的直接套用

在应用预算定额时,要认真地阅读并掌握定额的总说明、各分部工程说明、定额的适用范围、已经考虑和没有考虑的因素以及附注说明等。当分项工程的设计要求与预算定额条件完全相符时,可以直接套用定额。这属于编制施工图预算中的大多数情况。

在编制单位工程施工图预算的过程中,大多数项目可以直接套用预算定额。套用时应注意以下几点:

(1) 根据施工图纸、设计说明和做法说明、分项工程施工过程划分来选择定额项目。

(2) 要对工程内容、技术特征和施工方法及材料规格仔细核对,准确地确定相应的定额项目。

(3) 分项工程的名称和计量单位要与预算定额相一致。

例 1-2 某工程有普通石材地面 180 m²,其构造为:素水泥一道,20 mm 厚干混水泥砂浆找平层,采用黏接剂铺贴石材,试确定面层的定额基价。

解 根据判断可知,石材面层分项工程内容与定额的工程内容一致,可直接套用定额子目。

确定定额编号:11-32;计量单位:100 m²;基价:19557.26 元。

2) 预算定额的调整与换算

当设计要求与定额的工程内容、材料规格、施工方法等条件不完全相符时,不可直接套用定额。可根据编制总说明、分部工程说明等有关规定,在定额规定范围内加以调整换算。

定额换算的实质就是按定额规定的换算范围、内容和方法,对某些分项工程内容进行调整与换算。通常只有当设计选用的材料品种和规格与定额规定有出入,并规定允许换算时,才能进行换算。经过换算的定额编号一般在其右侧写上"换"字或"H"。

预算定额的换算类型常见的有以下五种。

(1) 砂浆换算:砌筑砂浆的强度等级和砂浆类型的换算。

(2) 混凝土换算:构件混凝土的强度等级、混凝土类型的换算。

(3) 木材换算:木材断面和不同种类的换算。

(4) 系数换算:按规定对定额中的人工费、材料费、机械费乘以各种系数的换算。

(5) 其他换算:除上述四种情况以外的定额换算。

砌筑砂浆换算的特点是砂浆的用量、人工费、机械费不发生变化,只换算砂浆配合比或品种。

砌筑砂浆换算公式:

换算后定额基价=原定额基价+(设计砂浆单价-定额砂浆单价)×定额砂浆用量

例 1-3 墙面装饰抹灰的斩假石,所用水泥白石屑浆配合比是 1∶2.5,试求其基价。

解 该项目定额编号:11-12H;计量单位:100 m²;基价:5792.21 元。

砂浆定额用量:1.154 m³。

查附录一,定额 1∶2 水泥白石屑浆单价 258.85 元/m³。

查附录一,设计 1∶2.5 水泥白石屑浆单价 236.38 元/m³。

换算后基价＝[5792.21＋(236.38－258.85)×1.154]元＝(5792.21－25.93)元＝5766.28元

混凝土换算是混凝土的用量、人工费、机械费不发生变化，只换算混凝土标号或品种。

混凝土标号换算公式：

换算后定额基价＝原定额基价＋(设计混凝土单价－定额单价)×定额混凝土用量

例 1-4 C25 的细石泵送商品混凝土楼面 30 mm 厚，试求其基价。

解 该项目定额编号：11-5H；计量单位：100 m²；基价：2467.82 元。

混凝土定额用量：3.030 m³。

查附录一，定额 C20 混凝土单价 412.00 元/m³。

查附录一，设计 C25 混凝土单价 316.77 元/m³。

换算后基价＝[2467.82＋(316.77－412.00)×3.030]元＝2179.27 元

系数换算是指在使用某些预算项目时，定额的一部分或全部乘以规定系数。

例如，浙江省预算定额规定，螺旋形楼梯的装饰，按相应定额子目，人工费与机械费乘以系数 1.1，块料面层材料用量乘以系数 1.15，其他材料用量乘以系数 1.05。

例 1-5 干混砂浆铺贴陶瓷地砖装饰的螺旋形楼梯，试计算其基价。

解 该项目定额编号：11-116H；计量单位：100 m²；基价：13573.02 元。

三类人工费：7150.62 元；

机械费：26.94 元；

块料陶瓷地砖：消耗量 144.690 m²，单价 32.76 元/m²。

其他材料费＝(6395.46－144.690×32.76)元＝1655.42 元

换算后基价＝[13573.02＋(7150.62＋26.94)×(1.1－1)＋144.690×32.76×(1.15－1)
　　　　　＋1655.42×(1.05－1)]元
　　　　　＝(13573.02＋717.76＋711.01＋82.77)元
　　　　　＝15084.56 元

3) 预算定额的补充

当分项工程的设计要求与定额条件完全不相符或者由于设计采用新结构、新材料及新工艺，在预算定额中没有这类项目，属于定额缺项时，可编制补充预算定额。

编制补充预算定额的方法通常有两种。一种是按照预算定额的编制方法，计算人工、各种材料和机械台班消耗量指标，然后分别乘以人工工资、材料价格及机械台班使用单价，汇总即得补充预算定额基价。另一种是以补充项目的人工、机械台班消耗定额的制定方法来确定。

任务 2　工程量清单计价

实行工程量清单计价，是适应我国加入世界贸易组织(WTO)，融入世界市场的需要。随着我国改革开放的进一步加快,中国经济日益融入全球市场,特别是我国加入世界贸易组织后,建设市场将进一步对外开放。越来越多的国外的企业以及投资项目进入国内市场,我国企业走出国门在海外投资和经营的项目也在增加。为了适应这种对外开放建设市场的形式,就必须与国际通行的计价方法相适应,为建设市场主体创造一个与国际管理接轨的市场竞争环境。工程量清单计价是国际通行的计价办法,在我国实行工程量清单计价,有利于提高国内建设各方主体参与国际化竞争的能力。《建设工程工程量清单计价规范》(GB 50500—2013)(以下简称《计价规范》)经住房和城乡建设部批准为国家标准,并于2013年7月1日起正式实施。

一、工程量清单计价规范

1.《计价规范》的概念

规范是一种标准。所谓"计价规范",就是用于规范建设工程计价行为的国家标准。具体地讲,就是工程造价计价工作者,对确定建筑产品价格的分部分项工程名称、工程特征、工程内容、项目编码、工程量计算规则、计量单位、费用项目组成与划分、费用项目计算方法与程序等做出的全国统一标准。

《计价规范》属于我国国家级标准,其中有些条款为强制性条文,必须严格执行。国家标准是一个国家的标准中的最高层次,以国家标准的形式发布关于工程造价的统一规定,在我国尚属首次,也是我国在"借鉴国外文明成果"方面的一个"创举"。可以说,《计价规范》的发布与实施,是我国工程造价计价工作向逐步实现"政府宏观调控、企业自主报价、市场形成价格"的目标迈出了坚实的一步,同时也是我国工程造价管理领域的一个重要的里程碑。

《计价规范》是统一工程量清单编制、规范工程量清单计价的国家标准,是调整建设工程工程量清单计价活动中发包人与承包人各种关系的规范文件。

2.《计价规范》的编制原则

《计价规范》编制的主要原则包括以下方面。

1)政府宏观调控、企业自主报价、市场竞争形成价格

按照政府宏观调控、企业自主报价、市场竞争形成价格的指导思想,为规范发包方与承包方计价行为,确定了工程量清单计价原则、方法和必须遵循的规则,包括统一项目编码、项目名称、计量单位、工程量计算规则等。留给企业自主报价、参与市场竞争的空间,将属于企业性质的施工方法、施工措施和人工、材料、机械的消耗量水平、取费等交由企业来确定,给企业充分的权利,促进生产力的发展。

2)与现行定额既有机结合又有所区别

由于现行预算定额是我国经过几十年实践总结出来的,有一定的科学性和实用性,从事工程造价管理工作的人员已经形成了运用预算定额的习惯,因此《计价规范》以现行的"全国统一工程预算定额"为基础,特别是在项目划分、计量单位、工程量计算规则等方面,尽可能与定额衔接。与工程预算定额有所区别的原因是,现行预算定额是按照计划经济的要求制定、发布、贯彻执行的,其中有许多不适应《计价规范》的编制指导思想。这是因为:

(1) 定额项目按国家规定以工序来划分项目;
(2) 施工工艺、施工方法是根据大多数企业的施工方法综合取定的;
(3) 人工、材料、机械消耗量根据社会平均水平综合测定;
(4) 取费标准是根据不同地区平均测算得出的。

因此企业报价时就会表现为平均主义,企业不能结合项目具体情况、自身技术管理自主报价,不能充分调动企业加强管理的积极性。

3) 既考虑我国工程造价管理现状,又尽可能与国际惯例接轨

《计价规范》根据我国当前工程建设市场发展的形势,逐步解决定额计价中与当前工程建设市场不相适应的因素,适应我国社会主义市场经济发展的需要,适应与国际接轨的需要,积极稳妥地推行工程量清单计价。因此,在编制中既借鉴了世界银行、菲迪克(FIDIC)、英联邦国家以及我国香港地区等的一些做法和思路,也结合了我国现阶段的具体情况。

3.《计价规范》的组成

《计价规范》(GB 50500—2013)由正文和附录两部分组成,二者具有同等效力,缺一不可。

1) 正文部分

正文部分共有十六章,包括总则、术语、一般规定、工程量清单编制、招标控制价、投标报价、合同价款约定、工程计量、合同价款调整、合同价款期中支付、竣工结算与支付、合同价款争议的解决等内容。分别就《计价规范》的适用范围、遵循的原则、编制工程量清单应遵循的规则、工程量清单计价活动的规则、工程量清单计价格式做了明确的规定。

2) 附录部分

附录包括工程计价文件封面、扉页、分部分项工程和措施项目计价表、其他项目计价表等。

清单工程量计算另按《房屋建筑与装饰工程工程量计算规则》等专业工程计量规范计算。

4.《计价规范》的特点

《计价规范》具有强制性、实用性、竞争性和通用性四个方面的特点。

1) 强制性

强制性主要表现在,一是由建设主管部门按照强制性国家标准的要求批准颁布,规定全部使用国有资金或以国有资金投资为主的大、中型建设项目工程按工程量清单的规定执行;二是明确工程量清单是招标文件的组成部分,并规定了招标人在编制工程量清单时必须遵守的规则,做到五个统一,即统一项目编码、统一项目名称、统一计量单位、统一项目特征、统一工程量计算规则。

2) 实用性

工程量清单项目及计算规则的项目名称体现的是工程实体项目,项目名称明确清晰,工程量计算规则简洁明了;还特别列有项目特征和工程内容,便于编制工程量清单时确定项目名称和投标报价。

3) 竞争性

竞争性具体表现在两个方面。一是使用工程量清单计价时,《计价规范》规定的措施项目中,投标人具体采用的措施,如模板、脚手架、临时设施、施工排水等详细内容由投标人根据企业

的施工组织设计等确定。因为这些项目在各企业间各不相同,是企业的竞争项目,留给了企业竞争的空间,从中可体现各企业的竞争力。二是人工、材料和施工机械没有具体消耗量,投标企业可以依据企业的定额和市场价格信息进行报价,《计价规范》将这一空间也交给了企业,从而也可体现各企业在价格上的竞争力。

4）通用性

采用工程量清单计价将与国际惯例接轨,符合工程量计算方法标准化、工程量计算规则统一化、工程造价确定市场化的要求。

二、工程量清单编制

工程量清单是建设工程的分部分项工程项目、措施项目、其他项目等的名称和相应数量的明细清单。它还是招标文件的组成部分,由有编制招标文件能力的招标人或受其委托具有相应资质的工程造价咨询机构、招标代理机构依据有关计价办法,招标文件的有关要求和施工现场实际情况进行编制。

工程量清单主要由分部分项工程量清单、措施项目清单、其他项目清单、规费项目清单和税金项目清单组成。

1. 分部分项工程量清单编制

分部分项工程量清单应根据专业工程计量规范规定的项目编码、项目名称、项目特征、计量单位和工程量计算规则进行编制。

1）工程量清单的项目设置

工程量清单的项目设置规则是为了统一工程量清单项目名称、项目编码、计量单位和工程量计算而制定的,是编制工程量清单的依据。在《计价规范》中,对工程量清单项目的设置做了明确的规定。

（1）项目编码。

项目编码以五级编码设置,用十二位阿拉伯数字表示。一、二、三、四级为统一编码,第五级由工程量清单编制人员根据具体工程的清单项目特征设置编码。项目编码示意图如图1-6所示。

图1-6　项目编码示意图

① 第一级表示分类码（一、二位），即专业工程顺序码。

房屋建筑与装饰工程为01,仿古建筑工程为02,通用安装工程为03,市政工程为04,园林绿化工程为05,矿山工程为06,构筑物工程为07,城市轨道交通工程为08,爆破工程为09。

② 第二级表示章顺序码（三、四位）。

建筑装饰工程在房屋建筑与装饰工程工程量计算规范中设置的章节如下。

附录 L　楼地面装饰工程 ………………………………………………… 编码 0111

附录 M　墙、柱面装饰与隔断、幕墙工程 …………………………… 编码 0112

附录 N　天棚工程 ………………………………………………………… 编码 0113

附录 P　油漆、涂料、裱糊工程 ………………………………………… 编码 0114

附录 Q　其他装饰工程 …………………………………………………… 编码 0115

附录 S　措施项目 ………………………………………………………… 编码 0117

③ 第三级表示节顺序码（五、六位），即分部工程顺序码。

以楼地面工程为例，共分六个部分。

L1　整体面层及找平层 …………………………………………………… 编码 011101

L2　块料面层 ……………………………………………………………… 编码 011102

L3　橡塑面层 ……………………………………………………………… 编码 011103

L4　踢脚线 ………………………………………………………………… 编码 011104

L5　楼梯面层 ……………………………………………………………… 编码 011105

L6　台阶装饰 ……………………………………………………………… 编码 011106

④ 第四级表示清单项目码（七至九位），即分项工程顺序码。

以踢脚线项目为例，包括水泥砂浆、石材、块料、塑料板、木质、金属、防静电踢脚线，编码从011105001 至 011105007。

⑤ 第五级表示具体清单项目码（十至十二位），即清单项目名称顺序码。

编制第十、十一、十二位时，应根据拟建工程的工程量清单项目名称设置编码，同一招标工程的项目编码不得有重复。

当同一标段或同一合同的工程量清单中含多个单项或单位工程且工程量清单是以单位工程为编制对象时，应特别注意项目编码十到十二位的设置不得有重复。

(2) 项目名称。

项目名称原则上以形成工程实体而命名。《计量规范》规定工程量清单的项目名称应按附录的项目名称结合拟建工程的实际情况确定。分部分项工程量清单项目名称的设置，应考虑以下三个因素：

① 是附录中的项目名称；

② 符合附录中的项目特征；

③ 符合拟建工程的实际情况。

在编制工程量清单时，以附录中的项目名称为主体，考虑该项目的规格、型号、材质等特征要求，结合拟建工程的实际情况，使工程量清单项目名称具体化、细化，能够反映影响工程造价的主要因素。

项目名称如有缺项，招标人可按相应的原则，在编制工程量清单时，进行补充。补充项目应填写在工程量清单相应分部项目之后，并在"项目编码"栏中以"补"字标示。

补充项目的编码由《计量规范》的代码 01 与 B 和三位阿拉伯数字组成,并应从 01B001 起按顺序编制,同一招标工程的项目不得有重码。补充的工程量清单需附有补充项目的名称、项目特征、计量单位、工程量计算规则、工作内容。不能计量的措施项目需附有补充项目的名称、工作内容及范围。

(3) 项目特征。

项目特征是对项目的准确描述,是影响价格的因素,是设置具体清单项目的依据。项目特征按不同的工程部位、施工工艺或材料品种与规格等分别列项。凡项目特征中未描述到的其他独有特征,由清单编制人视项目具体情况确定,以能准确描述清单项目为准。

2) 工程数量的计算

工程数量主要通过工程量计算规则计算得到,工程量计算规则是指对清单项目工程量的计算规定。除另有说明外,所有清单项目的工程量应以实体工程量为准,并用工程完成后的净值计算;投标人投标报价时,应在制定单价时考虑施工中的各种损耗和需要增加的工程量。

工程数量的有效数应遵守下列规定:

① 以 t 为单位,应保留小数点后三位数,第四位数四舍五入;

② 以 m^3、m^2、m 为单位,应保留小数点后两位数,第三位数四舍五入;

③ 以个、项等为单位,应取整数。

2. 措施项目清单

措施项目清单是指为完成工程项目施工,发生于该工程施工前和施工过程中的有关技术、生活、安全等方面的明细清单。《计价规范》中 4.3.1 条规定,措施项目清单必须根据相关工程现行国家计量规范的规定编制。同时,应根据拟建工程的实际情况列项。

编制措施项目清单应考虑多种因素,除工程本身的因素外,还涉及水文、气象、环境、安全等和施工企业的实际情况,编制时力求全面。

编制措施项目清单时应注意:若影响措施项目设置的因素太多,在编制工程量清单时,对表中未列的措施项目可作补充。补充项目应列在清单项目之后,并在"序号"栏中以"补"字标示。

3. 其他项目清单

其他项目清单是指除分部分项工程量清单、措施项目清单外的由于招标人的特殊要求而设置的项目清单。

其他项目清单的具体内容主要取决于工程建设标准的高低、工程的复杂程度、工程的工期长短、工程的组成内容、发包人对工程管理的要求等因素。

其他项目清单应按照下列内容列项。

1) 暂列金额

暂列金额是指招标人在工程量清单中暂定并包含在合同价款中的一笔款项。在实际工程结算中只有按照合同约定程序实际发生后,才能成为中标人的应得金额,纳入合同结算价款中,如没有发生或有余额均归招标人所有。

2) 暂估价

暂估价是指从招标阶段起直至签订合同协议时,招标人在招标文件中提供的用于支付必然要发生但暂时不能确定价格的材料、工程设备以及需另行发包的专业工程的金额。包括材料暂估价和专业工程暂估价两部分。

3）计日工

计日工是为了解决现场发生的工程合同范围以外的零星工程的计价而设立的。计日工以完成零星工作所消耗的人工工时、材料数量、机械台班进行计量，并按照计日工表中填报的适用项目的单价进行支付。

4）总承包服务费

总承包服务费是招标人按国家有关规定对专业工程进行分包及自行供应材料、设备时，要求总承包人对发包人和分包方进行协调管理、服务、资料归档工作，向总承包人支付的费用。

4. 规费、税金项目清单

1）规费项目清单

规费项目清单具体内容如下：

(1) 工程排污费。

(2) 社会保障费，包括养老保险费、失业保险费、医疗保险费、工伤保险费、生育保险费。

(3) 住房公积金。

(4) 各省市有关权力部门规定需补充的费用。

2）税金项目清单

税金项目清单应包括下列内容：

(1) 增值税。

(2) 城市维护建设税。

(3) 教育费附加。

(4) 地方教育附加。

任务 3 建筑安装工程费用的组成及计价程序

一、概述

为适应深化工程计价改革的需要，根据国家有关法律、法规及相关政策，在总结原建设部、财政部《关于印发〈建筑安装工程费用项目组成〉的通知》（建标〔2003〕206 号）（以下简称《通知》）执行情况的基础上，住房和城乡建设部修订完成了《建筑安装工程费用项目组成》（建标〔2013〕44 号）（以下简称《费用组成》）。

1.《费用组成》调整的主要内容

(1) 建筑安装工程费用项目按费用构成要素组成划分为人工费、材料费、施工机具使用费、企业管理费、利润、规费和税金。

（2）为指导工程造价专业人员计算建筑安装工程造价，将建筑安装工程费用按工程造价形成顺序划分为分部分项工程费、措施项目费、其他项目费、规费和税金。

（3）按照国家统计局《关于工资总额组成的规定》，合理调整了人工费构成及内容。

（4）依据国家发展改革委、财政部等9部委发布的《标准施工招标文件》的有关规定，将工程设备费列入材料费；原材料费中的检验试验费列入企业管理费。

（5）将仪器仪表使用费列入施工机具使用费；大型机械进出场及安拆费列入措施项目费。

（6）按照《社会保险法》的规定，将原企业管理费中劳动保险费中的职工死亡丧葬补助费、抚恤费列入规费中的养老保险费；在企业管理费中的财务费和其他中增加担保费用、投标费、保险费。

（7）按照《社会保险法》《建筑法》的规定，取消原规费中危险作业意外伤害保险费，增加工伤保险费、生育保险费。

（8）按照财政部的有关规定，在税金中增加地方教育附加。

《费用组成》自2013年7月1日起施行，原建设部、财政部《关于印发〈建筑安装工程费用项目组成〉的通知》（建标〔2003〕206号）同时废止。

2. 按费用构成要素划分

建筑安装工程费按照费用构成要素划分：由人工费、材料（包含工程设备，下同）费、施工机具使用费、企业管理费、利润、规费和税金组成，如图1-7所示。其中人工费、材料费、施工机具使用费、企业管理费和利润包含在分部分项工程费、措施项目费、其他项目费中。

（1）人工费：按工资总额构成规定，支付给从事建筑安装工程施工的生产工人和附属生产单位工人的各项费用。包括以下内容。

① 计时工资或计件工资：按计时工资标准和工作时间或对已做工作按计件单价支付给个人的劳动报酬。

② 奖金：按超额劳动和增收节支支付给个人的劳动报酬，如节约奖、劳动竞赛奖等。

③ 津贴和补贴：为了补偿职工特殊或额外的劳动消耗和因其他特殊原因支付给个人的津贴，以及为了保证职工工资水平不受物价影响支付给个人的物价补贴。如流动施工津贴、特殊地区施工津贴、高温（寒）作业临时津贴、高空津贴等。

④ 加班加点工资：按规定支付的在法定节假日工作的加班工资和在法定日工作时间外延时工作的加点工资。

⑤ 特殊情况下支付的工资：根据国家法律、法规和政策规定，因病、工伤、产假、计划生育假、婚丧假、事假、探亲假、定期休假、停工学习、执行国家或社会义务等原因按计时工资标准或计时工资标准的一定比例支付的工资。

（2）材料费：施工过程中耗费的原材料、辅助材料、构配件、零件、半成品或成品、工程设备的费用。包括以下内容。

① 材料原价：材料、工程设备的出厂价格或商家供应价格。

② 运杂费：材料、工程设备自来源地运至工地仓库或指定堆放地点所发生的全部费用。

③ 运输损耗费：材料在运输装卸过程中不可避免的损耗。

④ 采购及保管费：为组织采购、供应和保管材料、工程设备的过程中所需要的各项费用，包

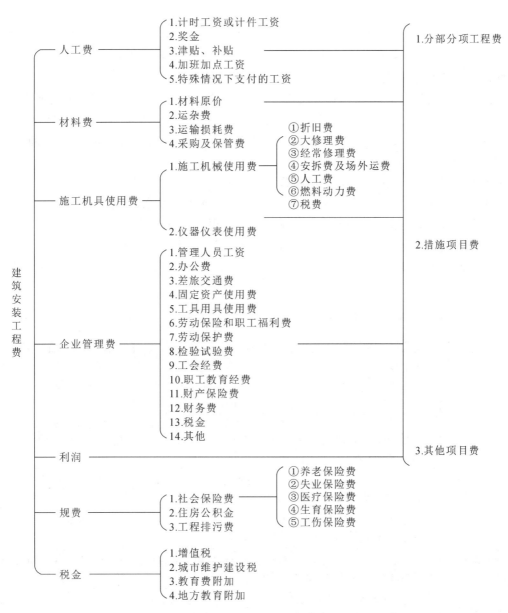

图 1-7 建筑工程费用按费用构成要素划分的组成图

括采购费、仓储费、工地保管费、仓储损耗。

工程设备是指构成或计划构成永久工程一部分的机电设备、金属结构设备、仪器装置及其他类似的设备和装置。

(3) 施工机具使用费：施工作业所发生的施工机械、仪器仪表使用费或其租赁费。

① 施工机械使用费：以施工机械台班耗用量乘以施工机械台班单价表示，施工机械台班单价应由下列七项费用组成。

a. 折旧费指施工机械在规定的使用年限内，陆续收回其原值的费用。

b. 大修理费指施工机械按规定的大修理间隔台班进行必要的大修理，以恢复其正常功能所需的费用。

c.经常修理费指施工机械除大修理以外的各级保养和临时故障排除所需的费用。包括为保障机械正常运转所需替换设备与随机配备工具附具的摊销和维护费用,机械运转中日常保养所需润滑与擦拭的材料费用及机械停滞期间的维护和保养费用等。

d.安拆费及场外运费:安拆费指施工机械(大型机械除外)在现场进行安装与拆卸所需的人工、材料、机械和试运转费用以及机械辅助设施的折旧、搭设、拆除等费用;场外运费指施工机械整体或分体自停放地点运至施工现场或由一施工地点运至另一施工地点的运输、装卸、辅助材料及架线等费用。

e.人工费指机上司机(司炉)和其他操作人员的人工费。

f.燃料动力费指施工机械在运转作业中所消耗的各种燃料及水、电等的费用。

g.税费指施工机械按照国家规定应缴纳的车船使用税、保险费及年检费等。

② 仪器仪表使用费:工程施工所需使用的仪器仪表的摊销及维修费用。

(4)企业管理费:建筑安装企业组织施工生产和经营管理所需的费用。内容包括十四项,如表1-5所示。

表1-5 企业管理费的组成

名 称	内 容
管理人员工资	按规定支付给管理人员的计时工资、奖金、津贴补贴、加班加点工资及特殊情况下支付的工资等
办公费	企业管理办公用的文具、纸张、账表、印刷、邮电、书报、办公软件、现场监控、会议、水电、烧水和集体取暖降温(包括现场临时宿舍取暖降温)等费用
差旅交通费	职工因公出差、调动工作的差旅费,住勤补助费,市内交通费和误餐补助费,职工探亲路费,劳动力招募费,职工退休、退职一次性路费,工伤人员就医路费,工地转移费以及管理部门使用的交通工具的油料、燃料等费用
固定资产使用费	管理和试验部门及附属生产单位使用的属于固定资产的房屋、设备、仪器等的折旧、大修、维修或租赁费
工具用具使用费	企业施工生产和管理使用的不属于固定资产的工具、器具、家具、交通工具和检验、试验、测绘、消防用具等的购置、维修和摊销费
劳动保险和职工福利费	由企业支付的职工退职金、按规定支付给离休干部的经费、集体福利费、夏季防暑降温、冬季取暖补贴、上下班交通补贴等
劳动保护费	企业按规定发放的劳动保护用品的支出。如工作服、手套、防暑降温饮料以及在有碍身体健康的环境中施工的保健费用等
检验试验费	施工企业按照有关标准规定,对建筑以及材料、构件和建筑安装物进行一般鉴定、检查所发生的费用,包括自设试验室进行试验所耗用的材料等费用。不包括新结构、新材料的试验费,对构件做破坏性试验及其他特殊要求检验试验的费用和建设单位委托检测机构进行检测的费用,对此类检测发生的费用,由建设单位在工程建设其他费用中列支。但对施工企业提供的具有合格证明的材料进行检测不合格的,该检测费用由施工企业支付
工会经费	企业按《工会法》规定的按全部职工工资总额比例计提的工会经费
职工教育经费	按职工工资总额的规定比例计提,企业为职工进行专业技术和职业技能培训,专业技术人员继续教育、职工职业技能鉴定、职业资格认定以及根据需要对职工进行各类文化教育所发生的费用

续表

名称	内容
财产保险费	施工管理用财产、车辆等的保险费用
财务费	企业为施工生产筹集资金或提供预付款担保、履约担保、职工工资支付担保等所发生的各种费用
税金	企业按规定缴纳的房产税、车船使用税、土地使用税、印花税等
其他	包括技术转让费、技术开发费、投标费、业务招待费、绿化费、广告费、公证费、法律顾问费、审计费、咨询费、保险费等

(5) 利润:施工企业完成所承包工程获得的盈利。

(6) 规费:按国家法律、法规规定,由省级政府和省级有关权力部门规定必须缴纳或计取的费用。

① 社会保险费的组成如表1-6所示。

② 住房公积金:企业按规定标准为职工缴纳的住房公积金。

③ 工程排污费:按规定缴纳的施工现场工程排污费。

其他应列而未列入的规费,按实际发生计取。

表1-6 社会保险费的组成

名称	解释
养老保险费	企业按照规定标准为职工缴纳的基本养老保险费
失业保险费	企业按照规定标准为职工缴纳的失业保险费
医疗保险费	企业按照规定标准为职工缴纳的基本医疗保险费
生育保险费	企业按照规定标准为职工缴纳的生育保险费
工伤保险费	企业按照规定标准为职工缴纳的工伤保险费

(7) 税金:国家税法规定的应计入建筑安装工程造价内的增值税、城市维护建设税、教育费附加以及地方教育附加。

3. 按造价形成划分

建筑安装工程费按照工程造价的形成划分为分部分项工程费、措施项目费、其他项目费、规费、税金,分部分项工程费、措施项目费、其他项目费包含人工费、材料费、施工机具使用费、企业管理费和利润(见图1-8)。

(1) 分部分项工程费:各专业工程的分部分项工程应予列支的各项费用。

① 专业工程:按现行国家计量规范划分的房屋建筑与装饰工程、仿古建筑工程、通用安装工程、市政工程、园林绿化工程、矿山工程、构筑物工程、城市轨道交通工程、爆破工程等各类工程。

② 分部分项工程:按现行国家计量规范对各专业工程划分的项目。如房屋建筑与装饰工程划分为土石方工程、地基处理与桩基工程、砌筑工程、钢筋及钢筋混凝土工程等。

各类专业工程的分部分项工程划分见现行国家或行业计量规范。

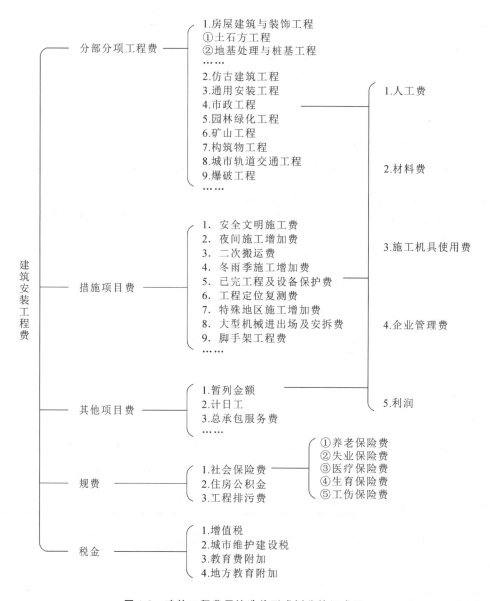

图 1-8 建筑工程费用按造价形成划分的组成图

（2）措施项目费：为完成建设工程施工，发生于该工程施工前和施工过程中的技术、生活、安全、环境保护等方面的费用。包括以下内容。

① 安全文明施工费由下列四项费用组成。

a. 环境保护费指施工现场为达到环保部门要求所需要的各项费用。

b. 文明施工费指施工现场文明施工所需要的各项费用。

c. 安全施工费指施工现场安全施工所需要的各项费用。

d. 临时设施费指施工企业为进行建设工程施工所必须搭设的生活和生产用的临时建筑物、构筑物和其他临时设施费用。包括临时设施的搭设、维修、拆除、清理费或摊销费等。

② 夜间施工增加费：因夜间施工所发生的夜班补助费、夜间施工降效、夜间施工照明设备摊

销及照明用电等费用。

③ 二次搬运费：因施工场地条件限制而发生的材料、构配件、半成品等一次运输不能到达堆放地点，必须进行二次或多次搬运所发生的费用。

④ 冬雨季施工增加费：在冬季或雨季施工需增加的临时设施、防滑、排除雨雪，人工及施工机械效率降低等费用。

⑤ 已完工程及设备保护费：竣工验收前，对已完工程及设备采取的必要保护措施所发生的费用。

⑥ 工程定位复测费：工程施工过程中进行全部施工测量放线和复测工作的费用。

⑦ 特殊地区施工增加费：工程在沙漠或其边缘地区，高海拔、高寒、原始森林等特殊地区施工增加的费用。

⑧ 大型机械设备进出场及安拆费：机械整体或分体自停放场地运至施工现场或由一个施工地点运至另一个施工地点，所发生的机械进出场运输及转移费用及机械在施工现场进行安装、拆卸所需的人工费、材料费、机械费、试运转费和安装所需的辅助设施的费用。

⑨ 脚手架工程费：施工需要的各种脚手架搭、拆、运输费用以及脚手架购置费的摊销（或租赁）费用。

措施项目及其包含的内容详见各类专业工程的现行国家或行业计量规范。

（3）其他项目费包括以下内容。

① 暂列金额：建设单位在工程量清单中暂定并包括在工程合同价款中的一笔款项。用于施工合同签订时尚未确定或者不可预见的所需材料、工程设备、服务的采购，施工中可能发生的工程变更、合同约定调整因素出现时的工程价款调整以及发生的索赔、现场签证确认等的费用。

② 计日工：在施工过程中，施工企业完成建设单位提出的施工图纸以外的零星项目或工作所需的费用。

③ 总承包服务费：总承包人为配合、协调建设单位进行的专业工程发包，对建设单位自行采购的材料、工程设备等进行保管以及施工现场管理、竣工资料汇总整理等服务所需的费用。

（4）规费：定义同前。

（5）税金：定义同前。

二、建筑安装工程费用的计算程序

建筑工程计价现常采用工料单价法和综合单价法，不同的计价方法，计算程序不同。

1. 工料单价法计价的工程费用计算程序

工料单价法是指项目单价采用人工、材料、机械费用计算的一种计价方法，企业管理费、利润、风险费用及规费、税金单独计取。工料单价指完成一个规定计量单位项目所需的人工费、材料费、施工机械使用费。其计算程序分为两种：一种以人工费加机械费为计算基数，另一种以人工费为计算基数。

以人工费加机械费为计算基数的工程费用计算程序如表1-7所示。

表 1-7 工料单价法计价的计算程序（以人工费加机械费为计算基数）

序 号	费用项目		计 算 方 法
一	分部分项工程费		工程量×单价
	其中	1.人工费＋机械费	∑（定额人工费＋定额机械费）
二	施工组织措施费		
三	企业管理费		（1）×费率
四	利润		
五	规费	11.排污费、社保费、公积金	（1）×费率
		12.工伤保险 13.危险作业意外伤害保险	按各市规定计算
六	总承包服务费	14.管理协调费 15.管理协调和服务费	分包项目造价×费率
		16.甲供材料、设备管理服务费	（甲供材料、设备费）×费率
七	风险费		（一＋二＋三＋四＋五＋六）×费率
八	暂列金额		（一＋二＋三＋四＋五＋六＋七）×费率
九	税金		（一＋二＋三＋四＋五＋六＋七＋八）×费率
十	建筑工程造价		一至九相加

2.综合单价法计价的工程费用计算程序

综合单价法是指项目单价采用除规费、税金外的全费用（含利润）综合单价的一种计价方法，规费、税金单独计取。综合单价包括完成一个规定计量单位项目所需的人工费、材料费、施工机械使用费、企业管理费、利润以及风险费用。其计算程序如表 1-8 所示。

表 1-8 综合单价法计价的计算程序

序 号	费用项目		计 算 方 法
一	直接工程费		工程量×综合单价
	其中	1.人工费＋机械费	∑（定额人工费＋定额机械费）
二	措施项目费	施工技术措施费	工程量×综合单价
		其中 2.人工费＋机械费	∑（定额人工费＋定额机械费）
		施工组织措施费	（1＋2）×费率
三	其他项目费	暂列金额	按清单计价要求计算
		暂估价	
		计日工	
		总承包服务费	
四	规费		（1＋2）×费率

续表

序　号	费用项目	计算方法
五	危险伤害意外保险	按各省市规定
六	税金	(一十二十三十四十五)×费率
七	建筑工程造价	一至六相加

1. 什么是建筑装饰工程？
2. 什么是基本建设项目？建设项目层次如何划分？
3. 工程造价的定义是什么？
4. 工程造价有哪些特点？
5. 定额有哪些分类？
6. 什么是人工消耗定额？它的基本表现形式有哪些？它们之间关系如何？
7. 什么是材料消耗定额？材料有哪些分类？
8. 什么是机械台班消耗定额？它的基本表现形式有哪些？
9. 什么是建筑工程预算定额？它的编制原则是什么？
10. 简述浙江省 2018 版建筑工程预算定额的组成内容。
11. 简述目前国内的计价模式及其计价程序。

模块 2

建筑装饰工程各分部分项工程计量与计价

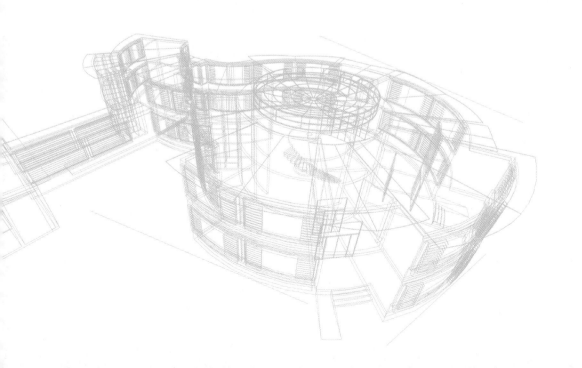

学习情境 1

楼地面装饰工程费

块料楼地面　楼地面工程定额　楼地面工程清单　楼梯装饰　台阶装饰　踢脚线　整体楼地面

学习目标

1. 知识目标

（1）掌握各类楼地面装饰工程的构造组成及相关施工工艺。

（2）掌握楼地面工程计量项目的划分。

（3）掌握垫层、找平层、整体面层、块料面层、木地板、栏杆、扶手、散水、斜坡、明沟等工程量计算规则。

（4）掌握垫层、找平层、整体面层、块料面层、木地板、栏杆、扶手、散水、斜坡、明沟套价的规定。

（5）理解与掌握教材中工程量的计算实例和定额使用实例。

2. 能力目标

(1) 了解楼地面装饰工程构造及工艺；
(2) 能熟练看懂楼地面施工图与对应建筑设计说明；
(3) 能结合实际施工图进行楼地面装饰工程量计算；
(4) 掌握楼地面装饰工程量并计价。

知识链接

楼地面是底层地面和楼层地面的总称。广义地说，底层地面和楼层地面包括承受荷载的结构层和满足使用要求的饰面层，有的楼地面为了找坡、隔声、弹性、保温、防水或敷设管线等功能的需要，还要在中间增加垫层；狭义地说，楼地面是在普通的水泥地面、混凝土地面、砖地面以及灰土垫层等各种基层的表面上所加做的饰面层。

楼地面装饰装修构造需要满足以下设计要求。

1. 满足坚固、耐久性要求

楼地面面层的坚固、耐久性由室内使用状况和材料特性决定。楼地面面层应当不易被磨损、破坏，表面应平整、不起尘，其耐久性的国际通用标准一般为 10 年。

2. 满足安全性要求

安全性是指楼地面面层应防滑、防火、防潮、耐腐蚀、电绝缘性好等。

3. 满足舒适感要求

舒适感是指楼地面面层应具备一定的弹性、蓄热系数及隔声性。

4. 满足装饰性要求

装饰性是指楼地面面层的色彩、图案、质感效果必须考虑室内空间的形态、家具陈设、交通流线及建筑的使用性质等因素，以满足人们的审美要求。

课程思政

1957 年出生的尹贻林教授你了解多少？

尹贻林，男，1982 年获天津大学工学学士，1996 年获天津大学 MBA，1999 年获辽宁大学经济学博士，2000 年进入南开大学工商管理博士后流动站；他享受政府特殊津贴，为国家级教学名师，天津理工大学管理学院原院长，天津理工大学公共项目与工程造价研究所(IPPCE)创始人，天津理工大学造价师培训中心(TCCCE)创始人，天津大学博士生导师，2008 年北京奥运会天津地区火炬手；他还是中国建设工程造价管理协会(CECA)副理事长、常务理事，"普通高校经济及管理学科规划教材"编审委员会副主任委员，教育部高等学校管理科学与工程类学科教育指导委员会委员，亚太地区测量师协会PAQS教育组理事，全国工程造价教育专家委员会(建设部)主席，中国建筑经济学会、工程造价专业委员会常务理事、主席。

任务 1 楼地面工程基础知识

一、整体类楼地面

整体类楼地面是指按设计要求选用不同材质和相应配合比的材料,在施工现场整体浇筑的楼地面面层。根据面层材料不同,有水泥砂浆楼地面、混凝土楼地面、现浇水磨石楼地面及涂布楼地面等。

1. 水泥砂浆楼地面

水泥砂浆楼地面是由水泥和砂按比例混合,在施工现场整体浇筑而成。其具有构造简单、施工方便、造价较低的特点,但导热系数大,易起灰、起砂,天气过潮时,易产生凝结水。适用于装饰要求较低的楼地面。

水泥砂浆面层的做法有单层和双层两种。一般情况采用单层做法,当有特殊要求时,采用双层做法。分层构造虽增加了施工程序,却能保证质量,减少了表面干缩时产生裂纹的可能。水泥砂浆楼地面构造做法如图 2-1 所示。

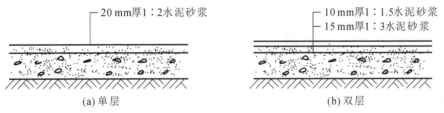

图 2-1 水泥砂浆楼地面构造做法

2. 混凝土楼地面

混凝土楼地面是用水泥、砂和石子混合,在施工现场整体浇筑而成。其强度高,干缩值小,耐久性和防水性较好,且不易起砂,适用于面积较小的房间。

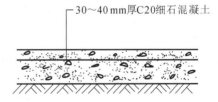

图 2-2 细石混凝土楼地面构造做法

混凝土面层可分为细石混凝土面层和随捣随抹混凝土面层。其中细石混凝土楼地面构造做法如图 2-2 所示。

3. 现浇水磨石楼地面

现浇水磨石楼地面是由水泥与石粒混合,在施工现场浇筑,凝固硬化后,磨光、打蜡而成。其具有表面平整光洁、坚固耐用、整体性好、耐磨、耐腐蚀、易清洗、色彩图案组合多样等特点,适用于清洁度要求较高的场所,如厕所、公共浴池、公共的门厅、过道、楼梯等。

现浇水磨石楼地面是在水泥砂浆或普通混凝土垫层上按设计要求分格并抹水泥石子浆,待其凝固硬化后,磨光露出石渣,再经补浆、细磨、打蜡所制成的。

现浇水磨石楼地面的构造做法如下。在基层上用1∶3水泥砂浆找平10～20 mm厚。当有预埋管道和受力构造要求时,应采用不小于30 mm厚的细石混凝土找平。为实现装饰图案,防止面层开裂,常需给面层分格。因此,应先在找平层上镶嵌分格条,然后,用1∶2～1∶3的水泥石渣浆浇入整平,待硬结后用磨石机磨光,最后补浆、打蜡、养护。现浇水磨石楼地面及嵌条做法示意图如图2-3所示。

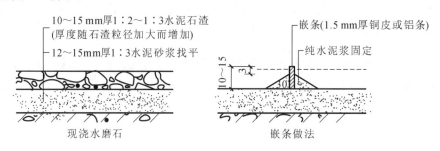

图2-3 现浇水磨石楼地面及嵌条做法示意图

4. 涂布楼地面

涂布楼地面是指在水泥楼地面面层之上,为改善水泥地面在使用与装饰质量方面的某些不足,而加做的各种涂层饰面。其主要功能是装饰和保护地面,使地面清洁美观。在地面装饰材料中,涂层材料是较经济和实用的一种,具有自重轻、维修方便、施工简便及功效高的特点。

二、块材类楼地面

块材类楼地面是指采用生产厂家定型生产的板块材料,在施工现场铺设和黏结的楼地面面层。根据材料的不同,有预制水磨石、大理石板、陶瓷锦砖、缸砖及水泥砂浆砖等板块材料铺砌的地面。

1. 大理石板、花岗岩板楼地面

将大理石、花岗岩从天然岩体中开采出来,加工成块材或板材,再经过粗磨、细磨、抛光、打蜡等工序,就可加工成各种不同质感的高级装饰材料。大理石板、花岗岩板一般适用于宾馆的大厅或要求较高的卫生间、公共建筑的门厅及营业厅的楼地面。

大理石板、花岗岩板厚度一般为20～30 mm,每块大小为300 mm×300 mm～600 mm×600 mm。其楼地面构造做法是:先在刚性平整的垫层或楼板基层上铺30 mm厚1∶2～1∶4的干硬性水泥砂浆结合层,赶平压实,上刷一层素水泥浆,并撒适量清水,然后铺贴大理石板或花岗岩板,并用水泥浆灌缝。板材间的缝隙当设计无规定时,不应大于1 mm。铺砌后,其表面应加以保护,待结合层的水泥砂浆强度达到要求,并且做完踢脚板后,方可打蜡使其光亮。大理石板、花岗岩板楼地面构造做法如图2-4所示。

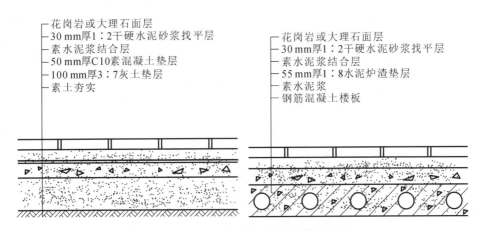

图 2-4 大理石板、花岗岩板楼地面构造

2. 陶瓷地砖楼地面

陶瓷地砖简称铺地砖或地砖,是铺地面用的块状陶瓷材料。陶瓷地砖具有品种多、质地坚硬、质感生动、色彩丰富、表面光滑、耐磨等特点。广泛应用于室内外地面、台阶、楼梯踏步,但不用于室内外墙面饰面。陶瓷地砖品种较多,按材质分有普通陶瓷地砖、全瓷地砖、玻化地砖;按表面装饰状况分有釉砖、无釉砖、抛光砖、渗花砖;按功能分有普通铺地砖、梯级砖、防滑砖、防潮砖、广场砖;按花色纹理分有单色、多色、斑点、仿石等。

陶瓷地砖常用厚度为 8～10 mm,每块大小一般为 300 mm×300 mm～600 mm×600 mm。砖背面有棱,使砖块能与基层黏结牢固。陶瓷地砖铺贴在 20～30 mm 厚 1∶2.5～1∶4 的干硬性水泥砂浆结合层上,并用素水泥浆嵌缝。陶瓷地砖楼地面构造做法如图 2-5 所示。

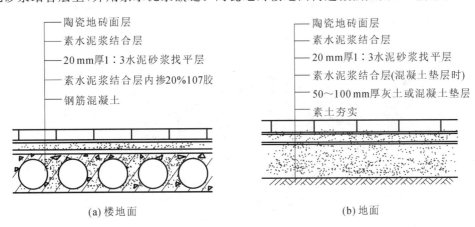

图 2-5 陶瓷地砖楼地面构造做法

3. 陶瓷锦砖和缸砖楼地面

陶瓷锦砖(又名陶瓷马赛克)是由高温烧制的小型块材,具有表面光滑、坚硬耐磨、耐酸、耐碱、防水性好、不易变色的特点,适用于卫生间、浴室、游泳池等有防水要求的楼地面。陶瓷锦砖有多种颜色和规格,主要有正方形、长方形、多边形、六角形和梯形等形状。

陶瓷锦砖楼地面构造做法:在垫层或结构层上铺一层15 mm厚1∶3~1∶4的干硬性水泥砂浆结合层兼找平层。上刷一层素水泥浆,并撒适量清水,以加强其表面黏结力。然后将陶瓷锦砖整联铺贴,压实拍平,使水泥浆挤入缝隙。待水泥浆硬化后,用水喷湿纸面,揭去牛皮纸,最后用白泥浆嵌缝。陶瓷锦砖楼地面构造做法如图2-6所示。

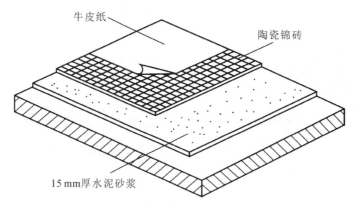

图2-6　陶瓷锦砖楼地面构造做法

缸砖是用陶土加矿物颜料由高温烧制而成的小型块材,具有强度较高、耐磨、耐水、耐油、耐酸碱、易清洗、不起尘、施工方便等特点。适用于地下室、实验室、屋顶平台、有腐蚀性液体房间的楼地面。

缸砖是由黏土和矿物原料烧制而成的,因加入不同矿物原料而有各种色彩,一般为红棕色,也有黄色和白色。常用规格:正方形100 mm×100 mm、正方形150 mm×150 mm、长方形150 mm×75 mm、六角形及八角形等。缸砖楼地面构造做法:15~20 mm厚1∶3水泥砂浆找平,3~4 mm厚水泥胶(水泥、107胶、水的配合比为1∶0.1∶0.2)粘贴缸砖,校正找平后用素水泥浆嵌缝。缸砖楼地面构造做法如图2-7所示。

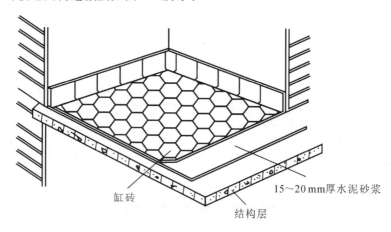

图2-7　缸砖楼地面构造做法

4. 预制水磨石板、水泥砂浆砖、混凝土预制块楼地面

这类预制板块具有质地坚硬、耐磨性能好等优点,是具有一定装饰效果的大众化饰面材料,

主要用于室外地面。

预制板块与基层粘贴的方式一般有两种：一种做法是在板块下干铺一层 20～40 mm 厚沙子，待校正平整后，于预制板块之间用沙子或砂浆嵌缝；另一种做法是在基层上抹 10～20 mm 厚 1∶3 水泥砂浆，然后在其上铺贴块材，再用 1∶1 水泥砂浆嵌缝。前者施工简便，易于更换，但不易平整，适用于尺寸大而厚的预制板块；后者则坚实、平整，适用于尺寸小而薄的预制板块。

三、木地面

木地面是由面层和基层组成的。

1. 空铺木地面

空铺木地面多用于首层地面，它由地垄墙、压沿木、垫木、木龙骨（又称木格栅、木楞）、剪刀撑、木地板（单层或双层）等组成。地垄墙是承受木地面荷载的重要构建，其上铺一层油毡，再上铺压沿木和垫木。木龙骨的两端固定在压沿木或垫木上，在木龙骨之间设剪刀撑，以增强龙骨的稳定性。木龙骨、压沿木、垫木以及木地板的底面均应做防腐处理，满涂沥青或氟化钠溶液。空铺木地面如图 2-8 所示。

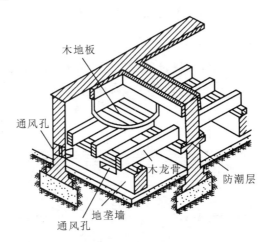

图 2-8 空铺木地面

为了保证木地面下架空层的通风，在每条地垄墙、内横墙和暖气沟墙等处，均应预留 120 mm×120 mm 的通风口，并要求其在一条直线上，以便通风顺畅，暖气沟的通风口可采用钢护管与外界相通。

木地面的拼接方式有平缝、企口缝、嵌舌缝、高低缝、低舌缝等。

木地面的四周墙角处应设木踢脚板，其高度为 100～200 mm，常用的高度为 150 mm，厚为 20～25 mm，其所用的木材一般与木地面面层相同。

2. 实铺木地面

实铺木地面一般用于楼层，但也可以用于底层，可以铺钉在龙骨上，也可以直接粘贴在基层上。

1)双层面层的铺设方法

在地面垫层或楼板层上,通过预埋镀锌钢丝或U形铁件,将做过防腐处理的木格栅绑扎。对于没有预埋件的楼地面,通常采用水泥钉和木螺钉固定木格栅。在木格栅上铺钉毛木板,背面刷防腐剂,毛木板呈45°斜铺,上铺一层油毡,表面刷清漆并打蜡。毛木板面层与墙之间留10~20 mm的缝隙,并用木踢脚板封盖。为了减小人在地板上行走时所产生的空鼓声,改善保温隔热效果,通常还在木格栅之间的空腔内填充一些轻质材料,如干焦砟、蛭石、矿棉毡、石灰炉渣等。双层面层实铺木地面如图2-9所示。

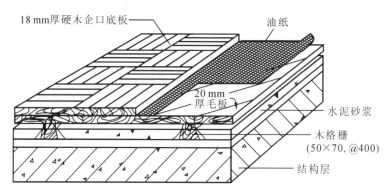

图2-9 双层面层实铺木地面

2)单层面层的铺设方法

将实木地板直接与木格栅固定,每块长条板应钉牢在每根木格栅上,钉长应为板厚的2~2.5倍,并从侧面斜向钉入板中。其他做法与双层面层的铺设方法相同。单层面层实铺木地面如图2-10所示。

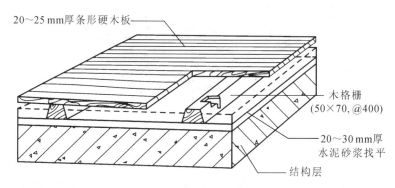

图2-10 单层面层实铺木地面

四、人造软制品楼地面

人造软制品楼地面是指质地较软的地面覆盖材料所形成的楼地面饰面,如橡胶地毡、塑料地板、地毯等楼地面。

1. 橡胶地毡楼地面

橡胶地毡是以天然橡胶或合成橡胶为主要原料,加入适量的填充料加工而成的地面覆盖材料。

2. 塑料地板楼地面

塑料地板楼地面是指用聚氯乙烯或其他树脂塑料地板作为饰面材料铺贴的楼地面。塑料地板楼地面构造做法如图 2-11 所示。塑料地板楼地面焊接施工如图 2-12 所示。

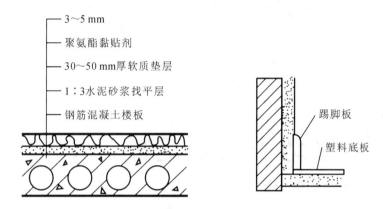

图 2-11 塑料地板楼地面构造做法

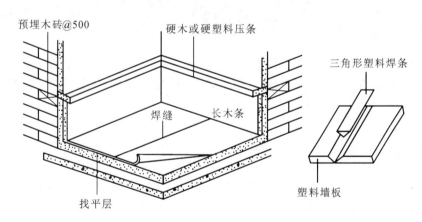

图 2-12 塑料地板楼地面焊接施工

3. 地毯楼地面

地毯是一种高级饰面材料。地毯楼地面具有美观、脚感舒适、富有弹性、吸声、隔声、保温、防滑、施工和更新方便等特点。地毯的铺设分为满铺和局部铺设两种。地毯在楼梯踏步转角处需用铜质防滑条和铜质压毡杆进行固定处理。倒刺板、踢脚线与地毯的固定如图 2-13 所示。

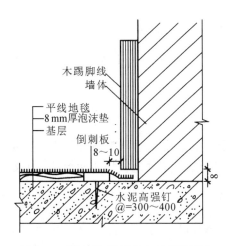

图 2-13 倒刺板、踢脚线与地毯的固定

任务 2 楼地面工程定额计价

一、楼地面工程定额应用

《浙江省房屋建筑与装饰工程预算定额》(2018 版)第十一章楼地面装饰工程包括找平层及整体面层,块料面层,橡塑面层,其他材料面层,踢脚线,楼梯面层,台阶装饰,零星装饰项目,分格嵌条、防滑条,酸洗打蜡等十节。

定额使用说明如下。

1. 通用部分

本章定额中凡砂浆、混凝土的厚度、种类、配合比及装饰材料的品种、型号、规格、间距设计与定额不同时,可按设计规定调整。

例 2-1 14 mm 厚 1∶1.5 水泥白石子浆本色水磨石楼地面(带嵌条),求基价。

解 查定额 11-25+11-27×2。

基价 =(89.3444+0.7362×2)元/m² = 90.8168 元/m²

换算后基价 = [90.8168+(439.66−435.67)×(0.0143+0.00102×2)]元/m²
= 90.88 元/m²

式中:0.0143 和 0.00102 为水泥白石子浆定额用量。

2. 楼地面工程

(1) 整体面层设计厚度与定额不同时,根据每增减子目按比例调整。

例 2-2 求在混凝土楼板做 25.2 mm 厚 1∶2 水泥砂浆楼地面的定额基价。

解 查定额 11-8＋11-10×5.2。

基价＝(20.369＋0.6285×5.2)元/m²＝23.64 元/m²

(2) 整体面层、块料面层中的楼地面项目，均不包括找平层，发生时套用找平层相应子目。

(3) 块料面层黏结层厚度设计与定额不同时，按水泥砂浆找平层厚度每增减子目进行调整换算。

(4) 块料面层结合砂浆如采用干硬性水泥砂浆的，除材料单价换算外，人工乘以系数 0.85。

例 2-3 1∶2 干硬性水泥砂浆铺贴 600 mm×600 mm 广场砖(密缝)，求基价。

解 查定额 11-46，基价为 98.1544 元/m²。

换算后基价＝[98.1544＋(274.55－443.08)×(0.0153＋0.0051)＋32.395×(0.85－1)]元/m²

＝89.86 元/m²

式中：0.0153 和 0.0051 为定额砂浆含量，274.55 为 1∶2 干硬性水泥砂浆单价，32.395 为定额人工费。

(5) 楼地面如单独找平扫毛，每平方米增加人工费 0.04 工日，其他材料费 0.50 元。

(6) 现浇水磨石项目已包括养护和酸洗打蜡等内容，其他块料项目如需做酸洗打蜡，单独执行相应酸洗打蜡项目。

(7) 块料面层铺贴定额子目包括块料安装的切割，未包括块料磨边及弧形块的切割。若设计要求磨边者套用磨边相应子目，如设计弧形块贴面时，弧形切割费另行计算。

(8) 广场砖铺贴定额中所指拼图案，指铺贴不同颜色或规格的广场砖以形成环形、菱形等图案。分色线性铺装按不拼图案定额套用。

(9) 防静电地板(含基层骨架)定额按成品考虑。

(10) 块料面层铺贴，设计有特殊要求的，可根据设计图纸调整定额损耗率。

(11) 块料离缝铺贴，灰缝宽度均按 8 mm 计算，设计块料规格及灰缝大小与定额不同时，面砖及勾缝材料用量做相应调整。

(12) 木地板铺贴基层如采用毛地板，套用细木工板基层定额，除材料单价换算外，人工含量乘以系数 1.05。

3. 踢脚线工程

(1) 除砂浆面层楼梯外，整体面层、块料面层及地板面层等楼地面和楼梯子目均不包括踢脚线。

(2) 踢脚线高度超过 30 cm 时，按墙、柱面工程相应定额执行。弧形踢脚线按相应项目人工、机械乘以系数 1.15。

(3) 金属踢脚线折边、铣槽费另计。

例 2-4 求铺在夹板基层上的弧形金属板踢脚线的定额基价。

解 查定额 11-104，基价为 213.9191 元/m²。

换算后基价＝[213.9191＋(12.9317＋0)×(1.15－1)]元/m²

$$= (213.9191 + 1.9397)\text{元}/\text{m}^2$$
$$= 215.86 \text{ 元}/\text{m}^2$$

4. 楼梯装饰工程

(1) 螺旋形楼梯的装饰,套用相应定额子目,人工与机械乘以系数1.10,块料面层材料用量乘以系数1.15,其他材料乘以系数1.05。

例 2-5 螺旋形楼梯干混砂浆贴陶瓷地面砖面层,求基价。

解 查定额11-116,基价为135.7302元/m²。

$$\begin{aligned}\text{换算后基价} &= [135.7302 + (71.5062 + 0.2694) \times (1.10 - 1) + 1.4469 \times 32.76 \times (1.15 - 1) \\ &\quad + (63.9546 - 1.4469 \times 32.76) \times (1.05 - 1)] \text{元}/\text{m}^2 \\ &= (135.7302 + 7.178 + 7.11 + 0.828) \text{元}/\text{m}^2 \\ &= 150.85 \text{ 元}/\text{m}^2\end{aligned}$$

式中:1.4469为地面砖定额用量,32.76为定额陶瓷地面砖基期材料单价,63.9546为定额材料单价。

(2) 石材螺旋形楼梯,按弧形楼梯项目人工乘系数1.20。

5. 其他

(1) 楼梯、台阶嵌铜条定额按嵌入两条考虑,当设计要求嵌入数量不同时,除铜条数量按实调整外,其他工料如嵌入三条乘以系数1.50,如嵌入一条乘以系数0.50。

(2) 楼梯开防滑槽定额按两条考虑,如设计要求开三条乘以系数1.50,如嵌入一条乘以系数0.50。

二、楼地面工程定额计量规则

1. 楼地面面层

1) 工程量计算规则

(1) 找平层和整体面层:按设计图示尺寸以面积计算,应扣除凸出地面的构筑物、设备基础、室内铁道、地沟等所占面积,不扣除间壁墙和0.3 m²以内的柱、垛、附墙烟囱及孔洞所占面积,但门洞、空圈的开口部分也不增加。

(2) 块料、橡塑及其他材料等面层:按设计图示尺寸以m²计算,门洞、空圈的开口部分工程量并入相应的面层内计算,不扣除点缀所占面积,点缀按个计算。

(3) 镶贴石材拼花图案(见图2-14)的工程量,按最大外围尺寸以矩形面积计算。

2) 说明

(1) 所谓间隔墙,指在地面面层做好后再进行施工的墙体。

(2) 点缀是一种简单的楼地面块料平铺方式,比如在四块块料相聚在一同一点上的位置镶嵌不同颜色小正方形点缀块作为装饰,如图2-15所示,一般要求规格在100 mm×100 mm以内。

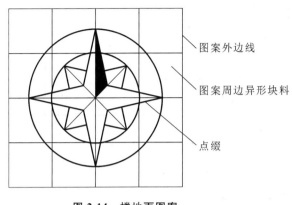
图 2-14 楼地面图案

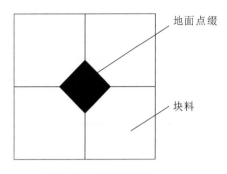
图 2-15 楼地面点缀

2. 踢脚线

工程量计算规则:按设计图示长度乘高度以面积计算。楼梯靠墙踢脚线(含锯齿形部分)贴块料按设计图示面积计算。

3. 楼梯面层

1) 工程量计算规则

(1) 楼梯面层的工程量按设计图示尺寸以楼梯(包括踏步、休息平台以及 500 mm 以内的楼梯井)的水平投影面积计算;楼梯与楼地面相连时,算至梯口梁外侧边沿,无梯口梁者,算至最上一级踏步边沿加 300 mm。

(2) 地毯配件的压辊按设计图示尺寸以"套"计算、压板按设计图示尺寸以"延长米"计算。

2) 说明

因为楼梯有梯段和休息平台,所以要注意扶手有水平段,还有斜线段。在后面章节学习扶手计量时应特别注意。

4. 台阶

1) 工程量计算规则

(1) 块料面层台阶工程量按设计图示尺寸以展开面积计算。

(2) 整体面层台阶、看台按设计图示尺寸以台阶水平投影面积计算。

2) 说明

台阶与平台相连且平台面积在 10 m² 以上时,台阶算至最上层踏步边沿加 300 mm(如图 2-16 所示),平台按楼地面工程量计算套用相应定额。

5. 其他

(1) 面层割缝、楼梯开防滑槽按设计图示尺寸以"延长米"计算。

(2) 分格嵌条、防滑条按设计图示尺寸以"延长米"计算。

(3) 酸洗打蜡工程量分别对应整体面层及块料面层工程量。

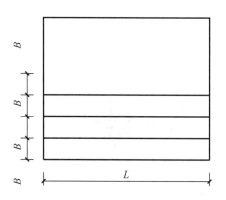
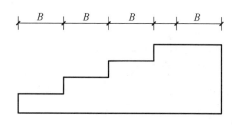

图 2-16 某单面台阶示意图

6. 补充项目

楼地面工程构造中常涉及垫层和防水防潮,但其算量计价不属于楼地面工程,而是属于砌筑工程或混凝土工程或屋面及防水工程,查询定额就需要到第四章或第五章或第九章去找,因此在此补充部分垫层和防水防潮的相应计量规则。

(1)垫层:地面垫层工程量按地面面积乘以厚度计算,地面面积按楼地面工程的工程量计算规则计算。

(2)防水防潮:卷材和涂膜防水按露面实铺面积计算。

① 弯起部分按图示尺寸计算,如设计无规定,按上泛 250 mm 计算;

② 应扣除凸出地面的构筑物、基础设备等占的面积;

③ 不扣除柱、垛、间壁墙、附墙烟囱及 0.3 m² 以内的孔洞所占的面积。

三、拓展训练

1.某工程楼面建筑平面如图 2-17 所示,设计楼面做法为 30 mm 厚细石砼找平,30 mm 厚干混砂浆铺贴 300 mm×300 mm 地砖面层密缝,踢脚为 150 mm 高地砖。求楼面装饰的费用。(门窗框厚 100 mm,居中布置,M1:900 mm×2400 mm,M2:900 mm×2400 mm,C1:1800 mm×1800 mm)

解 (1)30 mm 厚细石砼找平:

查定额 11-5,基价为 24.6782 元/m²。

工程量 $S=[(4.5\times2-0.24\times2)\times(6-0.24)-0.6\times2.4]m^2=47.64\ m^2$

找平层费用 $=(47.64\times24.6782)$元$=1175.67$ 元

(2)300 mm×300 mm 地砖面层,30 mm 厚干混砂浆结合层:

查定额 11-44+11-4×10,基价为 $(88.8248+0.6285\times10)$元/m²$=95.11$ 元/m²

工程量 $S=[(4.5\times2-0.24\times2)\times(6-0.24)-0.6\times2.4+0.9\times0.24\times2]m^2=48.07\ m^2$

地砖费用 $=(48.07\times95.11)$元$=4571.94$ 元

(3)地砖踢脚:

查定额 11-97,基价为 99.8565 元/m²。

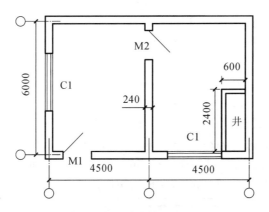

图 2-17 某楼的平面图

工程量 $S = [(4.5-0.24+6-0.24) \times 2 \times 2 - 0.9 \times 3 + (0.24-0.1)/2 \times 6] \times 0.15$ m²
$= 5.67$ m²

地砖踢脚费用 = (5.67×99.8565)元 = 566.19 元

(4) 楼地面装饰费用合计：(1175.67+4571.94+566.19)元 = 6313.8 元

2. 如图 2-18 所示为一小型住宅，室内地面是普通水磨石做的，做法为：底层 1∶3 水泥砂浆厚 20 mm，面层 1∶2 水泥白石子浆厚 15 mm，嵌玻璃条。计算其工程量。如果将前面的地面做法换成水磨石地面嵌铜条，计算其金属嵌条工程量。地面镶边宽 150 mm，分格为 1 m 的方形。

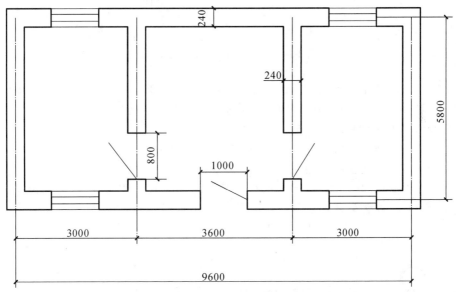

图 2-18 某小型住宅楼平面图

解 (1) 整体水磨石面层按主墙间净面积计算，扣除间壁墙所占面积：
水磨石面层工程量 $S = A \times B = [(9.6-0.24 \times 3)(5.8-0.24)]$ m² = 49.37 m²

(2) 金属嵌条工程量分步计算如下。

① 开间 3.6 m 房间的嵌条。

纵向条长：$(3.6-0.24-0.15 \times 2)$ m = 3.06 m

横向条长：$(5.8-0.24-0.15 \times 2)$ m = 5.26 m

纵向铜条数 6 根,铜条长:3.06×6 m＝18.36 m
横向铜条数 4 根,铜条长:5.26×4 m＝21.04 m
② 两侧 3.0 m 开间。
纵向条长:(3.0−0.24−0.15×2) m＝2.46 m
横向条长:(5.8−0.24−0.15×2) m＝5.26 m
纵向铜条数 6 根,铜条长:(2.46×6×2) m＝29.52 m
横向铜条数 3 根,铜条长:(5.26×3×2) m＝31.56 m
③ 铜嵌条长度合计:(21.04＋18.36＋31.56＋29.52) m＝100.48 m

3. 某门卫室室内做法如图 2-19 所示,求地面做法按照定额算量列项的相关工程量。

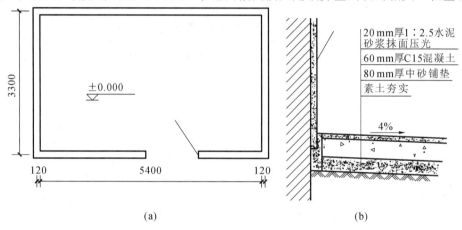

图 2-19 某门卫室地面做法示意图

解 因为地面做法按照定额算量列项,需要列 80 mm 厚的中砂垫层、60 mm 厚的混凝土找平层和 20 mm 厚的水泥砂浆面层,所以分为以下几步进行计算:

(1) 80 mm 厚的中砂垫层
$$S_{垫}=(5.4-0.24)(3.3-0.24)\times 0.08 \text{ m}^3=1.26 \text{ m}^3$$

(2) 60 mm 厚的混凝土找平层
$$S_{找}=(5.4-0.24)(3.3-0.24) \text{ m}^2=15.79 \text{ m}^2$$

(3) 20 mm 厚的水泥砂浆面层
$$S_{面}=(5.4-0.24)(3.3-0.24) \text{ m}^2=15.79 \text{ m}^2$$

任务 3 楼地面工程清单计价

一、工程量计算

本章共 8 节 43 个项目。包括整体面层及找平层、块料面层、橡塑面层、其他材料面层、踢脚线、楼梯面层、台阶装饰、零星装饰等工程。

1. 整体面层（编码 011101）

1）适用范围

整体面层包括水泥砂浆、现浇水磨石、细石混凝土、菱苦土楼地面。适用于楼面、地面所做的整体面层工程。

2）项目特征

应描述：① 垫层材料种类、厚度；② 找平层厚度、砂浆配合比；③ 防水层厚度、材料种类；④ 面层厚度、砂浆配合比。

对于现浇水磨石楼地面，除上述内容以外，还需描述嵌条材料种类、规格，石子种类、规格、颜色，颜料种类、颜色，图案要求，磨光、酸洗、打蜡要求。

3）工程内容

应包括：① 基层清理；② 垫层铺设；③ 抹找平层；④ 防水层铺设；⑤ 做面层；⑥ 材料运输。现浇水磨石楼地面需要完成的工程内容还有嵌缝条安装、磨光、酸洗、打蜡等。

4）工程量计算

计量单位：m^2。按设计图示尺寸以面积计算。

在计算面积时：① 应扣除凸出地面的构筑物、设备基础、室内铁道、地沟等所占面积；② 不扣除间壁墙和小于或等于 $0.3\ m^2$ 的柱、垛、附墙烟囱及孔洞所占面积；③ 不增加门洞、空圈、暖气包槽、壁龛的开口部分面积。

2. 块料面层（编码 011102）

1）适用范围

块料面层包括石材、块料楼地面。适用于楼面、地面所做的块料面层工程。

2）项目特征

应描述：① 垫层材料种类、厚度；② 找平层厚度、砂浆配合比；③ 防水层厚度、材料种类；④ 填充材料种类、厚度；⑤ 结合层厚度、砂浆配合比；⑥ 面层材料品种、规格、品牌、颜色；⑦ 嵌缝材料种类；⑧ 防护层材料种类；⑨ 酸洗、打蜡要求。

3）工程内容

应包括：① 基层清理、铺设垫层、抹找平层；② 防水层、填充层铺设；③ 面层铺设；④ 嵌缝；⑤ 刷防护材料；⑥ 酸洗、打蜡；⑦ 材料运输。

4）工程量计算

计量单位：m^2。按设计图示尺寸以面积计算，门洞、空圈、暖气包槽、壁龛的开口部分面积并入相应的工程量内。

3. 橡塑面层（编码 011103）

1）适用范围

橡塑面层包括橡胶板、橡胶卷材、塑料板、塑料卷材楼地面。适用于楼面、地面所做的橡塑材料面层。

2) 项目特征

应描述:① 找平层厚度、砂浆配合比;② 填充材料种类、厚度;③ 黏结层厚度、材料种类;④ 面层材料品种、规格、品牌、颜色;⑤ 压线条种类。

3) 工程内容

应包括:① 基层清理、抹找平层;② 铺设填充层;③ 面层铺贴;④ 压缝条装钉;⑤ 材料运输。

4) 工程量计算

计量单位:m²。按设计图示尺寸以面积计算。

计算面积时应将门洞、空圈、暖气包槽、壁龛的开口部分并入相应工程量内。

4. 踢脚线（编码 011105）

踢脚线包括水泥砂浆、石材、块料、现浇水磨石、塑料板、木质、金属、防静电踢脚线,编码从 011105001 至 011105007。

踢脚线项目特征应描述:① 踢脚线高度;② 底层厚度、砂浆配合比;③ 黏结层厚度、材料种类;④ 面层特征。

工程内容应包括基层清理,底层、面层抹灰及材料运输。

工程量计算:① 计量单位为 m²。按设计图示长度乘高度以面积计算。② 计量单位为 m。按延长米计算。

5. 楼梯面层（编码 011106）

楼梯面层包括石材、块料、水泥砂浆、现浇水磨石、地毯、木板楼梯面层等,编码从 011106001 至 011106009。

项目特征应描述:找平层厚度、砂浆配合比、面层砂浆配合比及相关特征。

工程内容应包括:基层清理、抹找平层、铺贴面层、材料运输及相关特征应包括的内容。

工程量计算:计量单位为 m²。按设计图示尺寸以楼梯水平投影面积计算(包括踏步、休息平台及 500 mm 以内的楼梯井)。

计算面积时,长度取定:① 楼梯与楼地面相连时,算至梯口梁内侧边沿;② 无梯口梁者,算至最上一层踏步边沿加 300 mm。

注意:单跑楼梯不论其是否有休息平台,其工程量计算方法与双曲楼梯相同。

6. 台阶装饰（编码 011107）

台阶装饰包括石材、块料、水泥砂浆、现浇水磨石、剁假石台阶面等,编码从 011107001 至 011107006。

项目特征应描述:① 垫层材料种类、厚度;② 找平层厚度、砂浆配合比;③ 面层相关特征。

工程内容应包括从基层清理到面层完成所有内容。

工程量计算:计量单位为 m²。按设计图示尺寸以台阶(包括最上层踏步边沿加 300 mm)水平投影面积计算,如图 2-20 所示。

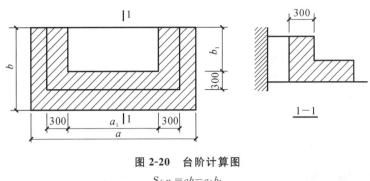

图 2-20 台阶计算图

$$S_{台阶} = ab - a_1 b_1$$

7. 零星装饰项目(编码 011108)

1) 适用范围

零星装饰项目包括石材、碎拼石材、块料、水泥砂浆零星项目。适用于小面积(0.5 m² 以内)的少量分散的楼地面装饰。

2) 项目特征

应描述:① 工程部位;② 找平层厚度、砂浆配合比;③ 黏结层及面层特征。

3) 工程内容

应包括:① 基层情况;② 抹找平层;③ 做面层;④ 材料运输。

4) 工程量计算

计量单位:m²。按设计图示尺寸以面积计算。

例 2-6 某工程平面如图 2-21 所示,地面用水泥砂浆粘贴花岗岩板,室内贴 150 mm 高花岗岩踢脚板,门均向里开启。试计算工程量。

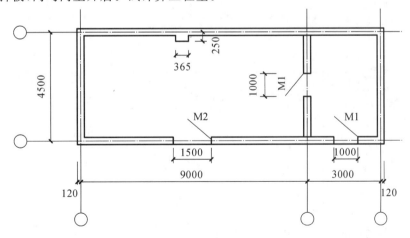

图 2-21 某平面图

解 (1) 花岗岩楼地面,查项目编码 011102001。

工程量 $S = [(9-0.24)(4.5-0.24) + (3-0.24)(4.5-0.24) + 0.24 \times 1 - 0.365 \times 0.25]$ m²

$$= (37.32 + 11.76 + 0.24 - 0.09) \text{m}^2$$
$$= 49.23 \text{ m}^2$$

（2）花岗岩踢脚线，查项目编码 011105002。

工程量 $S = [(8.76 + 4.26) \times 2 - 1.5 - 1 + 0.25 \times 2 + (2.76 + 4.26) \times 2 - 1 \times 2 + 0.24 \times 2]$
$\times 0.15 \text{ m}^2$
$= 36.56 \times 0.15 \text{ m}^2$
$= 5.48 \text{ m}^2$

二、清单计价

对楼地面工程清单进行计价，应看清清单的特征描述并做仔细分析，根据图纸和清单指引，结合施工组织设计来确定可组合的定额内容。块料面层采用定额计价时，应注意清单计算规则和定额计算规则的不同点。

整体面层和块料面层可组合内容如表 2-1 和表 2-2 所示。

表 2-1　整体面层清单可组合的内容

项目编码	项目名称	可组合的主要内容		对应的定额子目
011101001 011101006	水泥砂浆楼地面	1. 面层	楼干混砂浆、	11-8～11-12、11-7
		2. 找平层	干混砂浆、素水泥浆	11-1～11-4
011101002	水磨石楼地面	本色、彩色水磨石		11-25～11-30
011101003	细石混凝土楼地面	找平层	细石混凝土	11-5～11-6

表 2-2　块料面层清单可组合的内容

项目编码	项目名称	可组合的主要内容		对应的定额子目
011102001 011102002	石材、碎石材楼地面	1. 面层	大理石 花岗岩	11-31～11-42
		2. 找平层		11-1～11-3
		3. 垫层		4-80～4-90、5-1
		4. 防水层		9-42～9-105
		5. 勾缝		11-43
		6. 酸洗打蜡		11-155
011102003	块材楼地面	1. 面层	缸砖	11-62～11-63、11-66～11-67
			马赛克	11-64～11-65、11-68～11-69
			地砖	11-44～11-59
			广场砖	11-71～11-72
			激光玻璃砖	11-60～11-61
			鹅卵石地坪	11-73
		2. 找平层	水泥砂浆	11-1～11-4
		3. 垫层		4-80～4-90、5-1
		4. 防水层		9-42～9-105
		5. 酸洗打蜡		11-155

学习情境 2

墙柱面装饰工程费

墙柱面工程定额　墙柱面工程清单　墙柱面块料　墙柱面抹灰

学习目标

1. 知识目标

(1) 掌握各类墙柱面装饰工程的构造组成及相关施工工艺；
(2) 掌握墙柱面工程计量项目划分；
(3) 掌握一般抹灰、装饰抹灰、镶贴块料面层和木装修等工程量计算规则；
(4) 掌握墙面抹灰、镶贴块料面层和木装修套价的规定；
(5) 理解与掌握教材中工程量的计算实例和定额使用实例。

2. 能力目标

(1) 了解墙柱面装饰工程构造及工艺；

(2) 能熟练看懂墙柱面施工图与对应建筑设计说明;
(3) 能结合实际施工图进行墙柱面装饰工程量计算;
(4) 掌握墙柱面装饰工程量计算规则。

知识链接

墙面装饰分内墙面装饰和外墙面装饰,不同的墙面装饰有着不同的装饰效果和功能。外墙面装饰的主要功能是美化建筑物和城市景观,保护建筑物的外界面,使其免受外界环境的侵蚀,改善建筑物外墙的保温、隔热及隔声等物理功能。内墙面装饰的主要作用是保护墙体,美化室内空间环境,提高室内的舒适度,保证室内采光、保温、隔热、防腐、防尘和声学等使用功能。

墙面装饰按所使用的装饰材料、构造方法和装饰效果的不同,分为以下几类。
(1) 抹灰类饰面构造,包括一般抹灰和装饰抹灰饰面装饰。
(2) 涂饰类饰面构造,包括涂料和刷浆等饰面装饰。
(3) 板块类饰面构造,包括石材、陶瓷制品和预制板材等饰面装饰。
(4) 罩面类饰面构造,包括在墙柱面上粘贴、安装木质板材和金属板材等。
(5) 卷材类饰面构造,包括裱糊柱面和软包墙柱面。
(6) 其他材料类,如玻璃幕墙等。

任务 1 墙柱面装饰工程基础知识

一、抹灰类墙体饰面

抹灰是墙面装饰装修的常用方法。它被广泛应用于多种饰面装修的基层,其本身也具有良好的装饰效果。抹灰类墙体饰面是指建筑内外表面为水泥砂浆、混合砂浆等做成的各种饰面抹灰层,一般由底层、中间层、面层组成,如图2-22所示。

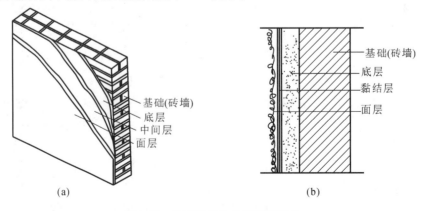

图 2-22 抹灰类墙体饰面构造层次

抹灰类墙体饰面包括一般抹灰、装饰抹灰。一般抹灰主要包括石灰砂浆、混合砂浆、水泥砂浆等。一般墙体抹灰层总厚度为普通抹灰18 mm、中级抹灰20 mm、高级抹灰25 mm。卫生间及厨房一般使用1∶3水泥砂浆,起防水作用;大面积墙体使用1∶3混合砂浆,易粉刷。装饰抹灰包括水刷石、干粘石、斩假石、水泥拉毛等,有喷涂、弹涂、刷涂、拉毛、扫毛等几种做法。水刷石和斩假石饰面构造层次分别如图2-23和图2-24所示。

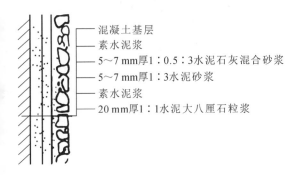

图2-23 水刷石饰面构造层次

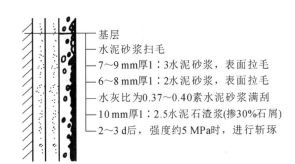

图2-24 斩假石饰面构造层次

二、涂料类墙体饰面

涂料类墙体饰面是在墙面已有的基层上,刮腻子找平,然后涂刷选定的建筑装饰涂料所形成的一种饰面。一般分三层,即底层、中间层、面层。

建筑装饰涂料按化学组分可分为无机高分子涂料和有机高分子涂料。常用的有机高分子涂料有以下三类:溶剂型涂料、乳液型涂料、水溶性涂料。

普通无机高分子涂料如白灰浆、大白浆,多用于标准的室内装修。无机高分子涂料有JH80-1型、JH80-2型、JHN84-1型、F832型等,多用于外墙装饰和有擦洗要求的内墙装饰。

三、贴面类墙体饰面

一些天然的或人造的材料根据材质加工成大小不同的块材后,在现场通过构造连接或镶贴于墙体表面形成的墙饰面称为贴面类墙体饰面。按其工艺形式不同分为直接镶贴饰面、贴挂类饰面。

1. 直接镶贴饰面

直接镶贴饰面构造比较简单,大体上由底层砂浆、粘贴层砂浆和块状贴面材料面层组成。常见的直接镶贴饰面材料有面砖、瓷砖、陶瓷锦砖、玻璃锦砖等。

面砖基本构造:用15 mm厚1∶3水泥砂浆打底,黏结砂浆为10 mm厚1∶0.2∶2.5水泥石灰混合砂浆。贴好后用清水将表面擦洗干净,3∶1白色水泥砂浆嵌缝。外墙面砖饰面构造如图2-25所示。

陶瓷锦砖和玻璃锦砖基本构造:15 mm厚1∶3水泥砂浆打底,刷素水泥浆(加水泥重量5%

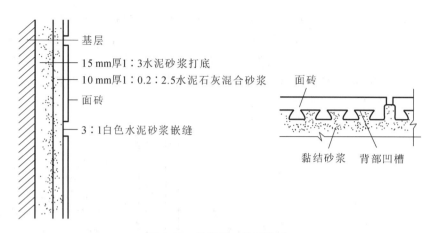

图 2-25 外墙面砖饰面构造

的 108 胶一道粘贴),3∶1 白色或彩色水泥砂浆嵌缝。

2. 贴挂类饰面

大规格饰面板材(边长 500～2000 mm)通常采用"挂"的方式。

1) 传统钢筋网挂贴法

传统钢筋网挂贴法构造是指将饰面板打眼、剔槽,用钢丝或不锈钢丝绑扎在钢筋网上,再灌 1∶2.5 水泥砂浆将饰面板贴牢。人们通过对多年的施工经验进行总结,对传统钢筋网挂贴法构造及做法进行了改进:首先将钢筋网简化,只拉横向钢筋,取消竖向钢筋;其次对加工艰难的打眼、剔槽工作,改为只剔槽、不打眼或少打眼。改进后的传统钢筋网挂贴法构造如图 2-26 所示。

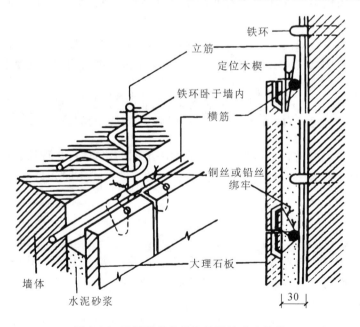

图 2-26 改进后的传统钢筋网挂贴法构造

2) 钢筋钩挂贴法

钢筋钩挂贴法又称挂贴楔固法,它与传统钢筋网挂贴法的不同之处是将饰面板以不锈钢钩直接楔固于墙体上。

3) 干挂法

干挂法是用高强度螺栓和耐腐蚀、高强度的柔性连接件将饰面板直接吊挂于墙体上或空挂于钢骨架上的构造做法,不需要再灌浆粘贴。饰面板与结构表面之间有80~90 mm的距离。石材干挂构造如图2-27所示。

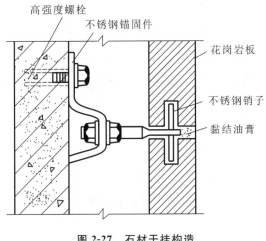

图 2-27 石材干挂构造

四、罩面板类墙体饰面

罩面板类墙体饰面主要指用木质、金属、玻璃、塑料、石膏等材料制成的板材作为墙体饰面材料。

1. 木质罩面板饰面

木质罩面板饰面分为木骨架和木板两部分。木质罩面板材料的类型主要有胶合板、纤维板、细木工板、刨花板、木丝板、实木板等。

2. 金属板饰面

金属板饰面是采用一些轻金属,如铝、铝合金、不锈钢、铜等制成薄板,或在薄钢板的表面进行搪瓷、烤漆、喷漆、镀锌、覆盖塑料的处理等做成的墙面饰面板。

金属薄板由于材料品种不同,所处部位不同,因而构造连接方式也有变化,通常有两种较为常见的方式:一是直接固定,将金属薄板用螺栓直接固定在型钢上;二是利用金属薄板拉升、冲压成型的特点,将其做成各种形状,然后压卡在特质的龙骨上。

3. 玻璃墙饰面

玻璃墙饰面是指用普通平板镜面玻璃或茶色、蓝色、灰色的镀膜镜面玻璃等做墙面。玻璃墙饰面的构造做法:首先在墙基层上设置一层隔气防潮层,然后按要求立木筋,间距按玻璃尺寸做成木框格,木筋上钉一层胶合板或纤维板等衬板,最后将玻璃固定在木框上。玻璃墙饰面构造如图 2-28 所示。

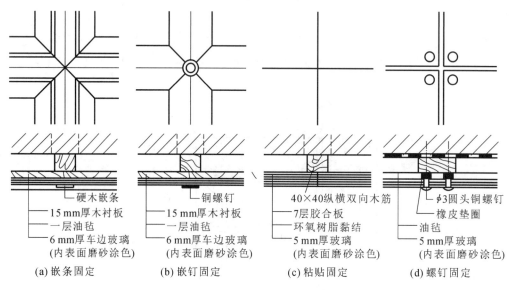

图 2-28　玻璃墙饰面构造

4. 其他罩面板饰面

1) 万通板

万通板的学名是聚丙烯装饰板,具有重量轻、防火、防水、防老化等特点。用于墙面装饰的万通板规格有 1000 mm×2000 mm、1000 mm×1500 mm,板厚有 2 mm、3 mm、4 mm、5 mm、6 mm 等。万通板一般的构造做法是在墙上涂刷防潮剂,钉木龙骨,然后将万通板粘贴于龙骨上。

2) 纸面石膏板

纸面石膏板是以熟石膏为主要原料,掺以适量纤维及添加剂,再以特质纸为护面,通过专门生产设备加工而成的板材。纸面石膏板内墙装饰构造有两种:一种是直接贴墙的做法;另一种是在墙体上涂刷防潮剂,然后铺设龙骨(木龙骨或轻钢龙骨),将纸面石膏板镶钉或粘于龙骨上,最后进行板面修饰。

3) 夹心墙板

夹心墙板通常由两层铝或铝合金板中间夹聚苯乙烯泡沫或矿棉芯材构成,具有强度高、韧性好、保温、隔热、防火等特点。其表面经过耐色光或 PVF 滚涂处理,颜色丰富,不变色,不褪色。夹心墙板构造做法是采用专门的连接件将板材固定于龙骨或墙体上。

五、裱糊与软包墙体饰面

裱糊与软包墙体饰面是采用柔性装饰材料,利用裱糊、软包方法所形成的一种内墙饰面。

1. 壁纸裱糊墙体饰面

各种壁纸均应粘贴在具有一定强度、表面平整、光洁、干净及不疏松掉粉的基层上。一般构造做法如下（以砖墙基层为例）。

（1）抹底灰：在墙体上抹 13 mm 厚 1∶0.3∶3 水泥石灰混合砂浆，打底扫毛，两遍成活。

（2）找平层：抹 5 mm 厚 1∶0.3∶2.5 水泥石灰混合砂浆。

（3）刮腻子：刮腻子 2～3 遍，砂纸磨平。

（4）封闭底层：涂封闭乳液涂料（封闭乳胶漆）一道，或涂按 1∶1 比例稀释的 108 胶水一遍。

（5）防潮底漆：薄涂酚醛清漆与汽油配比为 1∶3 的防潮底漆一道（无防潮要求时此工序省略）。

（6）刷胶：壁纸和抹灰表面应同时均匀刷胶，胶可用 108 胶、羧甲基纤维（俗称化学糨糊）和水按 100∶6∶60 的质量比调配（过筛去渣）或采用成品壁纸胶。

（7）裱糊壁纸：裱糊工艺有搭接法、拼缝法等，应特别注意搭接、拼缝和对花的处理。

2. 丝绒和锦缎裱糊墙体饰面

丝绒和锦缎是一种高级墙面装饰材料，其特点是绚丽多彩、质感温暖、典雅精致、色泽自然逼真，属于较高级的饰面材料，仅用于室内高级装修。但其较柔软、易变形、不耐脏，在潮湿环境中易霉变，故应用受到了很大的限制。

3. 软包墙体饰面

软包墙体饰面由底层、吸音层、面层三大部分组成。

1）底层

底层采用阻燃型胶合板、FC 板、埃特板等。FC 板和埃特板是以人造纤维或植物纤维及水泥等为主要原料，经烧结成型、加压、养护而成，比阻燃型胶合板的耐火性能高一级。

2）吸音层

吸音层采用轻质不燃、多孔材料，如玻璃棉、超细玻璃棉、自熄型泡沫塑料等。

3）面层

面层必须采用阻燃型高档豪华软包面料，常用的有人造皮革、特维拉 CS 豪华防火装饰布、针刺起绒、背面深胶阻燃型豪华装饰布及其他全棉、涤棉阻燃型豪华软质面料。

软包墙体饰面构造主要有吸声层压钉面料和胶合板压钉面料两种做法。

六、柱面装饰

柱面装饰所用材料与墙体饰面所用材料基本相似，如木（柚木、橡木、榉木、胡桃木）饰面板、金属（不锈钢、铝合金、铜合金、铝塑）饰面板、石材（大理石、花岗岩）饰面板等。

大部分柱面的装饰构造与墙面基本类似，图 2-29 所示为几种常见柱面装饰构造。

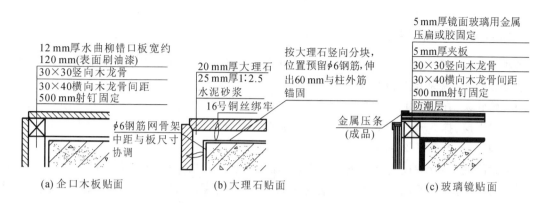

图 2-29 几种常见柱面装饰构造

任务 2 墙柱面工程定额计价

一、墙柱面工程定额应用

《浙江省房屋建筑与装饰工程预算定额》(2018 版)第十二章墙、柱面装饰与隔断、幕墙工程包括墙面抹灰、柱(梁)面抹灰、零星抹灰及其他、墙面块料面层、柱(梁)面块料面层、零星块料面层、墙饰面、柱(梁)饰面、幕墙工程、隔断与隔墙共十节。

定额使用说明如下。

1. 通用

本章定额中凡砂浆的厚度、种类、配合比及装饰材料的品种、型号、规格、间距等与设计不同时,可按设计规定调整。

2. 抹灰工程

(1)墙面一般抹灰定额子目,除定额另有注明外,均按厚度 20 mm、三遍抹灰考虑。实际抹灰厚度与遍数与设计不同时按以下原则调整:

① 抹灰厚度设计与定额不同时,按抹灰砂浆厚度每增减 1 mm 定额进行调整;
② 抹灰遍数设计与定额不同时,每 100 m² 人工增加(或减少)2.94 工日。

例 2-7 某工程内墙面抹灰采用混合砂浆高级抹灰(四遍),试求该项目单价。

解 查定额 12-1＋12-3,基价为(25.6339＋0.5299)元/m²。

定额规定砂浆抹灰按三遍考虑,现设计四遍,应另套抹灰砂浆厚度每增加一单位,即定额编号 12-3,基价为 0.5299 元/m²,另每 100 m² 增加 2.94 工日。

换算后基价＝(25.6339＋0.5299＋0.0294×155)元/m²
　　　　　＝30.72 元/m²

(2)"打底找平"定额子目适用于墙面饰面需单独做找平的基层抹灰,定额按两遍考虑。

(3)女儿墙和阳台栏板的内外侧抹灰套用外墙抹灰定额。女儿墙无泛水挑砖者,人工及机械乘以系数1.10,女儿墙带泛水挑砖者,人工及机械乘以系数1.30。

(4)零星抹灰适用于各种壁柜、碗柜、飘窗板、空调搁板、暖气罩、池槽、花坛、高度250 mm以内的栏板、内空截面面积0.4 m² 以内的地沟以及0.5 m² 以内的其他各种零星抹灰。

(5)高度超过250 mm的栏板套用墙面抹灰定额。

(6)凸出柱、梁、墙、阳台、雨篷等的混凝土线条,按其凸出线条的棱线道数不同套用相应的定额,但单独窗台板、栏板扶手、女儿墙压顶上的单阶凸出不计线条抹灰增加费。线条断面为外凸弧形的,一个曲面按一道考虑。

3. 块料面层

(1)块料面层的"零星项目"适用于天沟、窗台板、遮阳板、过人洞、暖气壁龛、池槽、花台、门窗套、挑檐、腰线、竖横线条及0.5 m² 以内的其他各种零星项目。其中石材门窗套应按门窗工程相应定额子目执行。

(2)干粉黏结剂粘贴块料定额中黏结剂的厚度,除石材为6 mm外,其余均为4 mm。设计与定额不同时,应进行调整换算。

(3)外墙面砖灰缝均按8 mm计算,设计面砖规格及灰缝大小与定额不同时,面砖及勾缝材料做相应调整。

4. 饰面工程

(1)弧形墙饰面按墙面相应定额子目人工乘以系数1.15,材料乘以系数1.05。非现场交工的饰面仅人工乘以系数1.15。

例 2-8 某工程弧形墙面现场制作安装木夹板基层上挂镜面玻璃装饰工程,试求该项目单价。

解 ① 木夹板基层单价。

查定额12-123,基价为30.7760元/m²。

换算后基价=[30.776+8.1577×(1.15-1)+22.6183×(1.05-1)]元/m²
=33.13元/m²

② 镜面玻璃面层单价。

查定额12-128,基价为77.3035元/m²。

换算后基价=[77.3035+14.77×(1.15-1)+62.5335×(1.05-1)]元/m²
=82.65元/m²

本项目的单价=(33.13+82.65)元/m²=115.78元/m²

(2)附墙龙骨基层定额中的木龙骨按双向考虑,如设计采用单向,人工乘以系数0.55,木龙骨用量做相应调整;设计断面面积与定额不同时,木龙骨用量做相应调整。

(3)墙、柱(梁)饰面及隔断、隔墙定额子目中的龙骨间距、规格如与设计不同时,龙骨用量按设计要求调整。

(4)饰面、隔断定额内,除注明者外均未包括压条、收边、装饰线(条),如设计要求时,应按相应定额执行。

5. 幕墙工程

(1) 玻璃幕墙设计带有门窗者,窗并入幕墙面积计算,门单独计算并套用本定额门窗工程相应定额子目。

(2) 玻璃幕墙中的玻璃按成品玻璃考虑;幕墙需设置的避雷装置其工料机定额已综合;幕墙的封边、封顶、防火隔离层的费用另行计算。

(3) 曲面、异形或斜面(倾斜角度超过 30°时)的幕墙按相应定额子目的人工乘以系数 1.15,面板单价调整,骨架弯弧费另计。

二、墙柱面工程定额计量规则

1. 抹灰

1) 工程量计算规则

(1) 内墙面、墙裙抹灰:按设计图示主墙间净长乘高度以面积计算,应扣除墙裙、门窗洞口及单个 0.3 m² 以上的孔洞所占面积,不扣除踢脚线、装饰线以及墙与构件交接处的面积,门窗洞口和孔洞的侧壁及顶面也不增加面积。附墙柱、梁、垛的侧面并入相应的墙面面积内。

(2) 外墙抹灰面积按设计图示尺寸以面积计算,应扣除外墙裙、门窗洞口及单个 0.3 m² 以上的孔洞所占面积,不扣除装饰线以及墙与构件交接处的面积,且门窗洞口和孔洞的侧壁及顶面也不增加面积。附墙柱、梁、垛侧面抹灰面积应并入外墙面抹灰工程量内计算。

(3) 阳台、雨篷、檐沟等抹灰按工作内容分别套用相应章节定额子目。

(4) 凸出的线条抹灰增加费以凸出棱线的道数不同分别按"延长米"计算。两条及多条线条相互之间净距 100 mm 以内的,每两条线条按一条计算工程量。

(5) 柱面抹灰按设计图示尺寸以柱断面周长乘高度计算。牛腿、柱帽、柱墩工程量并入相应柱工程量内。梁面抹灰按设计图示梁断面周长乘长度以面积计算。

2) 说明

(1) 内墙抹灰有吊顶而不抹到顶者,高度算至天棚底面。

(2) 女儿墙(包括泛水、挑砖)和阳台栏板(不扣除花格所占孔洞面积)内侧与外侧抹灰工程量按设计图示尺寸以面积计算。

(3) 墙面和墙裙抹灰种类相同者应合并计算。

2. 块料面层

1) 计量规则

(1) 墙、柱(梁)面镶贴块料按设计图示饰面面积计算。柱面带牛腿者,牛腿工程量展开并入柱工程量内。

(2) 女儿墙与阳台栏板的镶贴块料工程量以展开面积计算。

2) 说明

镶贴块料的柱墩、柱帽（弧形石材除外），其工程量并入相应柱内计算。圆弧形成品石材柱帽、柱墩，按其圆弧的最大外径以周长计算。

3. 墙、柱饰面及隔断

1) 计量规则

(1) 墙饰面的龙骨、基层、面层均按设计图示饰面尺寸以面积计算，扣除门窗洞及单个 0.3 m² 以上的孔洞所占面积。

(2) 柱（梁）饰面的龙骨、基层、面层均按设计图示饰面尺寸以面积计算。

(3) 隔断龙骨、基层、面层均按设计图示饰面尺寸以外围（或框外围）面积计算，扣除门窗洞及单个 0.3 m² 以上的孔洞所占面积。

2) 说明

成品卫生间隔断门的材质与隔断相同时，门的面积并入隔断面积内计算。

例 2-9 某柱净高 4.5 m，其饰面装饰如图 2-30 所示，试求该柱的饰面工程量。

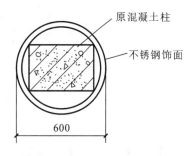

图 2-30 某柱不锈钢饰面

解 根据计量规则并结合图纸，可知矩形柱通过饰面装修已成为直径 600 mm 的圆柱，所以其饰面工程量

$$S = \pi \times 0.6 \times 4.5 \text{ m}^2 = 8.47 \text{ m}^2$$

例 2-10 如图 2-31 所示，试求墙面木龙骨、胶合板各自的工程量。

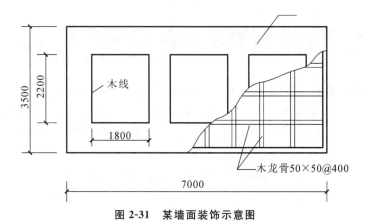

图 2-31 某墙面装饰示意图

解 (1) 基层木龙骨 50×50@400 的工程量

$$S = (7 \times 3.5 - 1.8 \times 2.2 \times 3) \text{m}^2 = 12.62 \text{ m}^2$$

(2) 胶合板的工程量

$$S = (7 \times 3.5 - 1.8 \times 2.2 \times 3) \text{m}^2 = 12.62 \text{ m}^2$$

4. 幕墙

(1) 玻璃幕墙、铝板幕墙按设计图示尺寸以外围(或框外围)面积计算。全玻幕墙带肋部分并入幕墙面积内计算。

(2) 石材幕墙按设计图示饰面面积计算，开放式石材幕墙的离缝面积不扣除。

(3) 防火隔离带按设计图示尺寸以 m 计算。

例 2-11 某银行营业大楼设计为玻璃幕墙，幕墙上带窗的材质内墙，如图 2-32 所示。试求幕墙工程量。

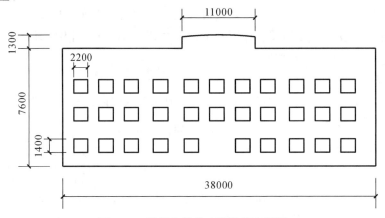

图 2-32 银行大楼的玻璃幕墙立面图

解 玻璃幕墙的工程量

$$S = (38 \times 7.6 + 1.3 \times 11) \text{m}^2 = 303.10 \text{ m}^2$$

三、拓展训练

1. 某工程楼面建筑平面如图 2-33 所示，该建筑内墙(轻质墙)净高为 3.3 米，窗台高 900 mm。设计内墙裙为干混砂浆贴 152 mm×152 mm 瓷砖，高度为 1.8 米，其余部分墙面为内墙一般抹灰，计算墙面装饰费用。(门窗框厚 100 mm，居中布置，M1：900 mm×2400 mm，M2：900 mm×2400 mm，C1：1800 mm×1800 mm)

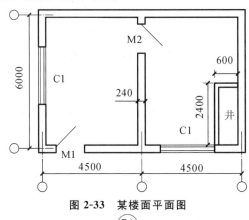

图 2-33 某楼面平面图

解

(1) 瓷砖墙裙:查定额 12-47,基价为 81.9688 元/m²。

工程量 $S = 1.8 \times [(4.5-0.24+6-0.24) \times 2 \times 2 - 0.9 \times 3] \text{m}^2 - (1.8-0.9) \times 1.8 \times 2 \text{ m}^2$
$\qquad + (0.24-0.1)/2 \times (1.8 \times 8 + 0.9 \times 4) \text{m}^2$
$\qquad = (67.28 - 3.24 + 1.26) \text{m}^2$
$\qquad = 65.30 \text{ m}^2$

瓷砖墙裙费用为:65.30×81.9688 元 $= 5352.56$ 元

(2) 墙面抹灰:查定额 12-6,基价为 26.8107 元/m²。

工程量 $S = 3.3 \times (4.5-0.24+6-0.24) \times 2 \times 2 \text{ m}^2 - 1.8 \times 1.8 \times 2 \text{ m}^2 - 0.9 \times 2.4 \times 3 \text{ m}^2$
$\qquad - (65.30-1.26) \text{m}^2$
$\qquad = (132.26 - 6.48 - 6.48 - 64.04) \text{m}^2$
$\qquad = 55.26 \text{ m}^2$

抹灰费用为:55.26×26.8107 元 $= 1481.56$ 元

墙面装饰费用合计:$(5352.56+1481.56)$ 元 $= 6834.12$ 元

2. 某会议室的墙面装饰如图 2-34 至图 2-39 所示,试计算墙面装饰工程直接费。

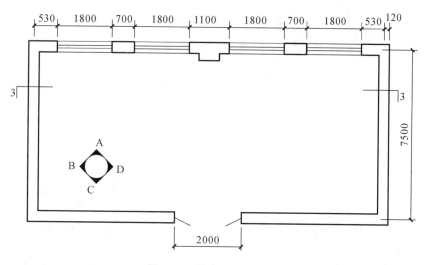

图 2-34 某会议室平面图

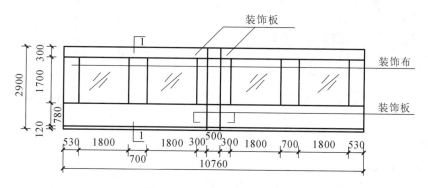

图 2-35 A 立面装饰示意图

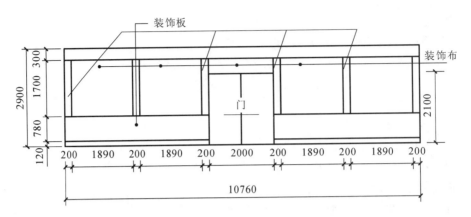

图 2-36 C 立面装饰示意图

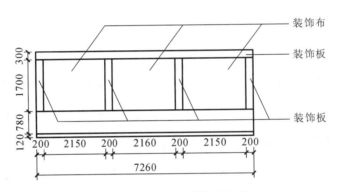

图 2-37 B、D 立面装饰示意图

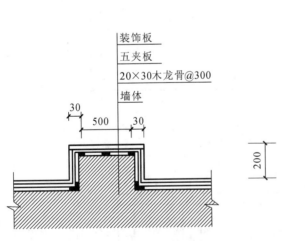

图 2-38 墙垛处装饰详图

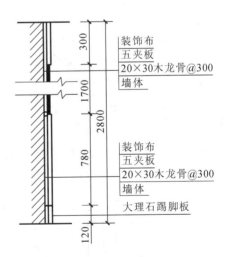

图 2-39 剖面图

解

(1) A 立面装饰相关工程量。

① 装饰布的工程量 $S_1 = 1.7 \times (0.53 + 0.7 + 0.3 + 0.2 + 0.5 + 0.2 + 0.3 + 0.7 + 0.53)\text{m}^2$
$= 6.732 \text{ m}^2$

② 装饰板的工程量 $S_2=0.3\times(10.76+0.2\times2)\text{m}^2+0.78\times(10.76+0.2\times2)\text{m}^2$
$\qquad\qquad\qquad\qquad =12.053\text{ m}^2$

③ 五夹板的工程量 $S_3=1.7\times(0.53+0.7+0.3+0.2+0.5+0.2+0.3+0.7+0.53)\text{m}^2$
$\qquad\qquad\qquad\qquad =6.732\text{ m}^2$

④ 九夹板的工程量 $S_4=0.3\times(10.76+0.2\times2)\text{m}^2+0.78\times(10.76+0.2\times2)\text{m}^2$
$\qquad\qquad\qquad\qquad =12.053\text{ m}^2$

⑤ 20×30 木龙骨@300 的工程量 $S_5=S_1+S_2=(6.732+12.053)\text{m}^2=18.79\text{ m}^2$

（2）C 立面装饰相关工程量。

① 装饰布的工程量 $S_1=1.7\times1.89\times4\text{ m}^2+2\times(0.12+0.78+1.7-2.1)\text{m}^2=13.852\text{ m}^2$

② 装饰板的工程量 $S_2=0.3\times10.76\text{ m}^2+0.2\times1.7\times6\text{ m}^2+0.78\times(10.76-2)\text{m}^2$
$\qquad\qquad\qquad\qquad =12.101\text{ m}^2$

③ 五夹板的工程量 $S_3=1.7\times1.89\times4\text{ m}^2+2\times(0.12+0.78+1.7-2.1)\text{m}^2=13.852\text{ m}^2$

④ 九夹板的工程量 $S_4=0.3\times10.76\text{ m}^2+0.2\times1.7\times6+0.78\times(10.76-2)\text{m}^2$
$\qquad\qquad\qquad\qquad =12.101\text{ m}^2$

⑤ 20×30 木龙骨@300 的工程量 $S_5=S_1+S_2=(13.852+12.101)\text{m}^2=25.95\text{ m}^2$

（3）B、D 立面装饰相关工程量。

① 装饰布的工程量 $S_1=1.7\times(2.15\times2+2.16)\times2\text{ m}^2=21.964\text{ m}^2$

② 装饰板的工程量 $S_2=[7.26\times(0.3+0.78)+0.2\times1.7\times4]\times2\text{ m}^2=18.402\text{ m}^2$

③ 五夹板的工程量 $S_3=1.7\times(2.15\times2+2.16)\times2\text{ m}^2=21.964\text{ m}^2$

④ 九夹板的工程量 $S_4=[7.26\times(0.3+0.78)+0.2\times1.7\times4]\times2\text{ m}^2=18.402\text{ m}^2$

⑤ 20×30 木龙骨@300 的工程量 $S_5=S_1+S_2=(21.964+18.402)\text{m}^2=40.37\text{ m}^2$

（4）墙面装饰工程直接费。

① 装饰布的费用：查询定额 12-133，基价为 114.9140 元/m²。
费用=114.9140×(6.732+13.852+21.964)元=4889.36 元

② 装饰板的费用：查询定额 12-126，基价为 35.5558 元/m²。
费用=35.5558×(12.053+12.101+18.402)元=1513.11 元

③ 五夹板的费用：查询定额 12-123，基价为 30.7760 元/m²。
费用=30.7760×(6.732+13.852+21.964)元=1309.46 元

④ 九夹板的费用：查询定额 12-123，基价为 30.7760 元/m²。
费用=30.776×(12.053+12.101+18.402)元=1309.70 元

⑤ 20×30 木龙骨@300 的费用：查询定额 12-111，基价为 23.9720 元/m²。
费用=23.9720×(18.79+25.95+40.37)元=2040.26 元

所以，墙面装饰工程直接费为
$\qquad$(4889.36+1513.11+1309.46+1309.70+2040.26)元=11061.89 元

任务 3 墙柱面工程清单计价

一、工程量计算

本章共 10 节 35 个项目,包括墙面抹灰、柱(梁)面抹灰、零星抹灰、墙面块料面层、柱(梁)面镶贴块料、镶贴零星块料、墙饰面、柱(梁)饰面、幕墙、隔断等工程。

1. 墙面抹灰（编码 011201）

1）适用范围

墙面抹灰包括墙面一般抹灰、墙面装饰抹灰与墙面勾缝。墙面一般抹灰包括石灰砂浆、混合砂浆、聚合物水泥砂浆等；墙面装饰抹灰包括水刷石、水磨石、斩假石、干粘石、拉条、拉毛等。墙面抹灰适用于各种类型的墙体(包括砖墙、混凝土墙、砌块墙等)抹灰；勾缝项目适用于清水砖墙、砖柱、石墙、石柱的加浆勾缝。

2）项目特征

墙面抹灰应描述：① 墙体类型；② 底层厚度、砂浆配合比；③ 面层厚度、砂浆配合比；④ 装饰面材料种类；⑤ 分格缝宽度、材料种类。

墙面勾缝应描述：① 墙体类型；② 勾缝类型；③ 勾缝材料种类。

3）工程内容

应包括：① 基层清理；② 砂浆制作、运输；③ 底层抹灰；④ 抹面层；⑤ 抹装饰面；⑥ 勾缝。

4）工程量计算

计量单位：m^2。按设计图示尺寸以面积计算。

在计算面积时：① 应扣除墙裙、门窗洞口及单个大于 $0.3\ m^2$ 的孔洞面积；② 不扣除踢脚线、挂镜线和墙与构件交接处的面积；③ 不增加门窗洞口和孔洞的侧壁及顶面的面积；④ 应增加附墙柱、梁、垛、烟囱侧壁面积。

墙面抹灰面积中：

（1）外墙抹灰面积按外墙垂直投影面积计算。

（2）外墙裙抹灰面积按外墙裙的长度乘以高度计算。

（3）内墙抹灰面积按主墙间的净长乘以高度计算，其高度取定按如下规定：① 无墙裙的，高度按室内楼地面至天棚底面计算；② 有墙裙的，高度按墙裙顶至天棚底面计算；③ 有吊顶天棚抹灰，高度算至天棚底。

（4）内墙裙抹灰面按内墙净长乘以高度计算。

2. 柱(梁)面抹灰(编码 011202)

1) 适用范围

柱(梁)面抹灰包括柱(梁)面一般抹灰、装饰抹灰和勾缝等,编码从 011202001 至 011202004。适用于各种柱(梁)面抹灰。

2) 项目特征

应描述:① 柱(梁)体类型;② 底层厚度、砂浆配合比;③ 面层厚度、砂浆配合比;④ 装饰面材料种类;⑤ 分格缝宽度、材料种类。

3) 工程内容

应包括:① 基层清理;② 砂浆制作、运输;③ 底层抹灰;④ 抹面层;⑤ 抹装饰面;⑥ 勾缝。

4) 工程量计算

计量单位:m^2。柱面抹灰按设计图示柱断面周长乘高度以面积计算;梁面抹灰按设计图示梁断面周长乘长度以面积计算。

3. 零星抹灰(编码 011203)

1) 适用范围

零星抹灰适用于面积 0.5 m^2 以内的少量分散抹灰。

2) 项目特征

应描述:① 基层类型;② 底层厚度、砂浆配合比;③ 面层厚度、砂浆配合比;④ 装饰面材料种类;⑤ 分格缝宽度、材料种类。

3) 工程内容

应完成:① 基层清理;② 砂浆制作、运输;③ 底层抹灰;④ 抹装饰面;⑤ 勾分格缝。

4) 工程量计算

计量单位:m^2。按设计图示尺寸以面积计算。

4. 墙面块料面层(编码 011204)

墙面镶贴块料包括石材、碎拼石材、块料墙面和干挂石材钢骨架,编码从 011204001 至 011204004。

墙面镶贴块料项目特征应描述:① 墙体类型;② 底层高度、砂浆配合比;③ 贴结层厚度、材料种类;④ 挂贴方式;⑤ 干挂方式;⑥ 面层材料品种、规格、品牌、颜色;⑦ 缝宽、嵌缝材料种类;⑧ 磨光、酸洗、打蜡要求。

工程内容应完成:① 基层清理;② 砂浆制作、运输;③ 底层抹灰;④ 结合层铺贴;⑤ 面层铺贴;⑥ 面层挂贴;⑦ 面层干挂;⑧ 嵌缝;⑨ 刷防护材料;⑩ 磨光、酸洗、打蜡。

工程量计算单位:m^2。按设计图示尺寸以面积计算。

5. 柱(梁)面镶贴块料(编码 011205)

柱面镶贴块料的项目划分、项目特征、工程内容、工程量计算方法基本同墙面镶贴块料,仅基层不同。

6. 镶贴零星块料(编码 011206)

零星镶贴块料适用于面积小于 0.5 m² 的少量分散的块料面层,其项目划分、项目特征、工程内容、工程量计算方法同墙、柱面镶贴块料。

7. 墙饰面(编码 011207)

1) 适用范围

墙饰面项目适用于金属饰面板、塑料饰面板、木质饰面板、软包带衬板饰面等装饰板墙面。

2) 项目特征

应描述:① 墙体类型;② 底层厚度、砂浆配合比;③ 龙骨材料种类、规格;④ 隔离层材料种类、规格;⑤ 基层材料种类、规格;⑥ 面层材料品种、规格、品牌、颜色;⑦ 压条材料种类、规格;⑧ 防护材料种类;⑨ 油漆品种、刷漆遍数。

3) 工程内容

应完成:① 基层清理;② 砂浆制作、运输;③ 底层抹灰;④ 龙骨制作、运输、安装;⑤ 钉隔离层、基层铺钉;⑥ 面层铺贴;⑦ 刷防护材料、油漆。

4) 工程量计算

计量单位:m²。按设计图示墙净长乘净高以面积计算,扣除门窗洞口及单个大于 0.3 m² 的孔洞所占面积。

8. 柱(梁)饰面(编码 011208)

柱(梁)饰面适用于金属饰面板、塑料饰面板、木质饰面板、软包带衬板饰面等装饰板柱(梁)面,其项目特征、工程内容与墙饰面相同。

工程量计量单位:m²。按设计图示饰面外围尺寸以面积计算,柱帽、柱墩并入相应柱饰面工程量内。

9. 幕墙(编码 011209)

1) 适用范围

(1) 带骨架幕墙(编码 011209001)适用于骨架是承力构件的幕墙。

(2) 全玻幕墙(编码 011209002)适用于带玻璃肋的玻璃幕墙。这类幕墙中的玻璃不仅是饰面构件,还是承力构件。

2) 项目特征

(1) 带骨架幕墙应描述:① 骨架材料种类、规格、中距;② 面层材料品种、规格、品牌、颜色;③ 面层固定方式;④ 嵌缝、塞口材料种类。

(2) 全玻幕墙应描述:① 玻璃品种、规格、品牌、颜色;② 黏结塞口材料种类;③ 固定方式。

3) 工程内容

(1) 带骨架幕墙应完成:① 骨架制作、运输、安装;② 面层安装;③ 嵌缝、塞口;④ 清洗。

(2) 全玻幕墙应完成:① 幕墙安装;② 嵌缝、塞口;③ 清洗。

4) 工程量计算

(1) 带骨架幕墙的计量单位:m²。按设计图示框外围尺寸以面积计算,与幕墙同种材质的窗所占面积不扣除。

(2) 全玻幕墙的计量单位:m²。按设计图示尺寸以面积计算,玻璃肋的工程量应合并在玻璃幕墙工程量内计算。

10. 隔断(编码 011210)

隔断是用木板、复合板、玻璃、铝合金等材料制作,具有轻薄特点的隔墙。

项目特征应描述:① 骨架、边框材料种类、规格;② 隔板材料品种、规格、品牌、颜色;③ 嵌缝、塞口材料品种;④ 压条材料种类;⑤ 防护材料种类;⑥ 油漆品种、刷漆遍数。

工程内容应包括:① 骨架及边框的制作、运输、安装;② 隔板制作、运输、安装;③ 嵌缝、塞口;④ 装钉压条;⑤ 刷防护材料、油漆。

工程量计量单位:m²。按设计图示框外围尺寸以面积计算,不扣除单个面积不大于0.3 m²孔洞所占的面积;浴厕门的材质与隔断相同时,门的面积并入隔断面积内。

二、清单计价

工程量清单计价时,首先应对清单项目特征的描述做仔细分析,根据设计图纸,依据《浙江省建设工程量清单指引》,并结合施工组织设计,确定本清单项目可组合的主要内容。根据组合的内容,可按照定额的工程量计算规则计算各主要内容的工程数量,参考或套用定额相应子目,计算工程量清单项目的综合单价。

1. 墙面抹灰

墙面抹灰清单计价可组合的内容如表 2-3 所示。

表 2-3 墙面抹灰可组合内容

项目编码	项目名称	可组合的主要内容		对应的定额子目
011201001	墙面一般抹灰	1. 一般抹灰	普通内外墙	12-1~12-3
			不同材质的墙面抹灰	12-5~12-6
		2. 其他	贴玻纤网格布、挂钢丝(板)网	12-7~12-9
011201002	墙面装饰抹灰	1. 装饰抹灰	斩假石、水刷石、干粘白石子	12-10~12-12
		2. 其他	拉条、刷毛、刷素水泥浆、界面处理	12-13~12-14 12-17~12-20
011201003	墙面勾缝	勾缝、打底		12-15~12-16

2. 镶贴块料

1) 清单计价组合内容

按照《浙江省建设工程量清单指引》,墙面镶贴块料可组合的内容如表 2-4 所示。

表 2-4　墙面镶贴块料可组合的内容

项目编码	项目名称	可组合的主要内容		对应的定额子目
011204003	块料墙面	1.干混砂浆	瓷砖	12-47～12-49
			外墙面砖	12-53～12-55
			文化石	12-60
			凹凸毛石板	12-62
			马赛克	12-64
		2.干粉型黏结剂	瓷砖	12-50～12-52
			外墙面砖	12-56～12-58
			文化石	12-61
			凹凸毛石板	12-63
			马赛克	12-65
		3.背栓式干挂瓷砖		12-59
		4.块料饰面骨架		12-66～12-68

2）工程量清单计价编制

块料面层按照工程量清单项目工程内容，将块料面层、底层抹灰作为清单项目的计价组合子目。

学习情境 3

天棚装饰工程费

天棚吊顶　　天棚工程定额　　天棚工程清单计量　　天棚抹灰

学习目标

1. 知识目标

(1) 掌握天棚装饰工程的构造组成及相关施工工艺；

(2) 掌握天棚工程计量项目划分；

(3) 掌握天棚龙骨、天棚面层及饰面、扣板雨篷、采光天棚、天棚检修道、天棚抹灰工程量计算规则；

(4) 掌握天棚龙骨、天棚面层及饰面、扣板雨篷、采光天棚、天棚检修道、天棚抹灰套价的规定；

(5) 理解与掌握教材中工程量的计算实例和定额使用实例。

2. 能力目标

（1）了解天棚装饰工程构造及工艺；
（2）能熟练看懂天棚施工图与对应建筑设计说明；
（3）熟悉天棚工程量计算规则；
（4）能结合实际施工图进行天棚工程量计算。

> **知识链接**

天棚是室内装饰装修的重要部分，对天棚进行装饰装修是功能和空间美观的需要。天棚装饰装修巧妙地组合了照明、通风、防火及吸声等设备，同时利用空间造型、光影及材质等方面渲染功能厅环境，烘托气氛，以满足人们的精神需求。

天棚的分类可以从不同的角度来进行。

（1）按天棚装饰表面材料的不同分类，有木质天棚、石膏板天棚、各种金属板天棚及玻璃镜面天棚等。

（2）按天棚施工方法的不同分类，有抹灰刷浆类天棚、裱糊类天棚、贴切面类天棚及装配式板材天棚等。

（3）按天棚表面与建筑主体结构相对关系的不同分类，有直接式天棚及悬挂式天棚。

（4）按天棚结构构造形式不同分类，有敞开式天棚、隐蔽式天棚、活动装配式天棚及固定天棚等。

任务 1 天棚工程基础知识

天棚是指安装在建筑物屋顶和楼层下表面的装饰构件，俗称天花板。悬挂在承重结构下表面的天棚又称吊顶。天棚按饰面与基层的关系可归纳为直接式天棚与悬吊式天棚两类。

一、直接式天棚

1. 直接式天棚的分类

1）抹灰、喷刷、粘贴直接式天棚

先在天棚的基层上刷一遍纯水泥浆，然后用混合砂浆打底找平。对于要求较高的房间，可在底板增设一层钢板网，在钢板网上再做抹灰。

2）直接式装饰板天棚

这类天棚与悬吊式天棚的区别是不使用吊挂件，直接在楼板底面铺设固定格栅。

3）结构天棚

将屋盖或楼盖结构暴露在外，利用结构本身的特性做装饰称为结构天棚。

2. 直接式天棚的装饰线脚

直接式天棚的装饰线脚是安装在天棚与墙顶交接部位的线材,简称装饰线。可采用粘贴法或直接钉固法与天棚固定,装饰线包括木线、石膏线、金属线等。

二、悬吊式天棚

悬吊式天棚一般由悬吊部分、天棚骨架、饰面层和连接部分组成,如图 2-40 所示。

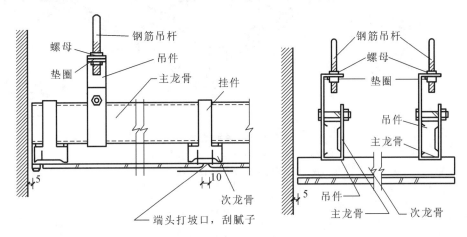

图 2-40 悬吊式天棚的组成

1. 悬吊部分

悬吊部分包括吊点、吊杆(吊筋)和连接杆。

1) 吊点

吊杆与楼板或屋面板连接的节点称为吊点。

2) 吊杆(吊筋)

吊杆(吊筋)是连接龙骨和承重结构的承重传力构件,按材料分为钢筋吊杆、型钢吊杆、木吊杆。钢筋吊杆的直径一般为 6~8 mm,用于一般悬吊式天棚;型钢吊杆用于重型悬吊式天棚或整体刚度要求高的悬吊式天棚,其规格尺寸要通过结构计算确定;木吊杆用 40 mm×40 mm 或 50 mm×50 mm 的方木制作,一般用于木龙骨悬吊式天棚。

2. 天棚骨架

天棚骨架又叫天棚基层,是由主龙骨、次龙骨、小龙骨(或称主格栅、次格栅)形成的网格骨架体系。其作用是承受饰面层的重量,并通过吊杆传递到楼板或屋面板上。

悬吊式天棚的龙骨按材料分为木龙骨、型钢龙骨、轻钢龙骨、铝合金龙骨。轻钢龙骨配件组合如图 2-41 所示。

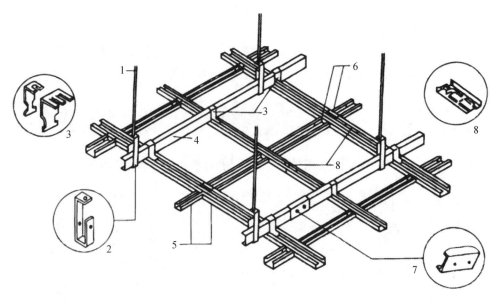

图 2-41 轻钢龙骨
1—吊筋；2—吊件；3—挂件；4—主龙骨；5—次龙骨；
6—龙骨支托（插挂件）；7—连接件；8—插接件

3. 饰面层

饰面层又叫面层，其主要作用是装饰室内空间，还兼有吸音、反射、隔热等特定的功能。饰面层一般分为抹灰类、板材类、开敞类。

4. 连接部分

连接部分是指悬吊式天棚龙骨之间、悬吊式天棚龙骨与饰面层之间、悬吊式天棚龙骨与吊杆之间的连接件、紧固件。一般包括吊挂件、插挂件、自攻螺钉、木螺钉、圆钢钉、特制卡具、胶黏剂等。

任务 2　天棚工程定额计量与计价

一、天棚工程定额应用

《浙江省房屋建筑与装饰工程预算定额》（2018 版）第十三章天棚工程包括混凝土面天棚抹灰、天棚吊顶、装配式成品天棚安装、天棚其他装饰四部分。

天棚抹灰分一般抹灰和石膏浆。

天棚吊顶分天棚骨架和天棚饰面。

定额使用说明如下。

1. 天棚抹灰

（1）本章定额抹灰厚度及砂浆配合比如与设计定额不同时可以进行换算。

（2）天棚抹灰,基层需涂刷水泥浆或界面剂的,按第十二章(墙、柱面装饰与隔断、幕墙工程)相应定额执行,人工乘以系数1.10。

（3）楼梯底面抹灰,套用天棚抹灰定额;其中楼梯底面为锯齿形时相应定额子目人工乘以系数1.35。

（4）阳台、雨篷、水平遮阳板、沿沟底面抹灰,套用天棚抹灰定额;阳台、雨篷台口梁抹灰按展开面积并入板底面积;沿沟及面积在1 m^2以内的板的底面抹灰人工乘以系数1.20。

2. 吊顶

（1）本章定额龙骨、基层、面层材料的种类、间距、规格和型号,如设计与定额不同时,材料用量或单价可以进行调整。

（2）天棚面层在同一标高者为平面天棚,存在一个以上标高者为跌级天棚。跌级天棚按平面、侧面分别列项套用相应定额子目。

（3）在夹板基层上贴石膏板,套用每增加一层石膏板定额。

（4）天棚不锈钢板嵌条、镶块等小型块料套用零星、异形贴面定额。

（5）天棚基层及面层如为拱形、圆弧形等曲面时,按相应定额人工乘以系数1.15。

3. 其他

（1）定额中吊筋均按后施工打膨胀螺栓考虑,如设计为预埋铁件时,扣除定额中的合金钢钻头、金属膨胀螺栓用量,每100 m^2扣除人工1.0工日,预埋铁件另套用本定额第五章"混凝土及钢筋混凝土工程"相关定额子目计算。

吊筋高度按1.5 m以内综合考虑。如设计需做二次支撑时,应另按本定额第六章"金属结构工程"相关子目计算。

（2）定额已综合考虑石膏板,木板面层上开孔灯、检修孔等孔洞的费用,如在金属板、玻璃、石材面板上开孔时,费用另行计算。检修孔、风口等洞口加固的费用已包含在天棚定额中。

（3）灯槽内侧板板高度在15 cm以内的套用灯槽子目,高度大于15 cm的套用天棚侧板子目;宽度500 mm以上或面积1 m^2以上的嵌入式灯槽按跌级天棚计算。

（4）送风口和回风口按成品安装考虑。

二、天棚工程定额计量规则

1. 计量规则

（1）天棚抹灰面积,按设计结构尺寸以展开面积计算。

① 不扣除间壁墙、垛、柱、附墙烟囱、检查口和管道所占的面积;
② 增加带梁天棚,梁两侧抹灰面积并入天棚面积内;
③ 楼梯底板:板式楼梯底面抹灰面积按水平投影面积乘以系数 1.15 计算,锯齿形楼梯底板抹灰面积按水平投影面积乘以系数 1.37 计算。

(2)天棚吊顶。

平面天棚及跌级天棚的平面部分,龙骨、基层和饰面板工程量均按设计图示尺寸以面积计算。

① 不扣除间壁墙、检查口、附墙烟囱、柱、垛和管道所占面积;
② 扣除单个 0.3 m² 以外的独立柱、孔洞(灯孔、检查孔面积不扣除)及与天棚相连的窗帘盒所占的面积;
③ 跌级天棚的侧面部分龙骨、基层、面层工程量按跌级高度乘以相应的跌级长度以 m² 计算;
④ 拱形及弧形天棚按起拱或下弧起止的范围,按展开面积计算。

(3)灯槽按展开面积计算。

2. 说明

楼梯底面积包括梯段、休息平台、平台梁、楼梯与楼面板连接梁(无梁连接时算至最上一级踏步边沿加 300 mm)、宽度 500 mm 以内的楼梯井、单跑楼梯上下平台与楼梯段等宽部分。

三、拓展训练

1.某工程天棚平面如图 2-42 所示。设计为 U38 不上人型轻钢龙骨、细木工板基层石膏板吊顶。计算天棚装饰直接工程费用。

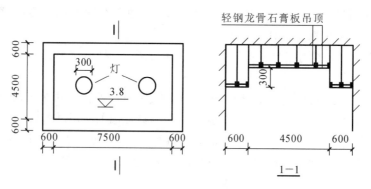

图 2-42 某天棚装饰示意图

解 (1)天棚骨架:

平面,查定额 13-8,基价为 28.6811 元/m²。
侧面,查定额 13-9,基价为 28.9195 元/m²
平面工程量 $S=(4.5+0.6\times2)\times(7.5+0.6\times2)$ m² $=49.59$ m²
侧面工程量 $S=(4.5+7.5)\times2\times0.3$ m² $=7.2$ m²

天棚骨架费用：(28.6811×49.59+28.9195×7.2)元＝(1422.3+208.22)元＝1630.52元

(2) 天棚基层：

平面，查定额 13-17，基价为 34.4720 元/m²。

侧面，查定额 13-18，基价为 38.9390 元/m²。

平面工程量 $S=(4.5+0.6×2)×(7.5+0.6×2)$ m² ＝ 49.59 m²

侧面工程量 $S=(4.5+7.5)×2×0.3$ m² ＝ 7.2 m²

天棚饰面费用：(34.4720×49.59+38.9390×7.2)元＝(1709.466+280.361)元＝1989.83元

(3) 石膏板饰面工程量 $S=(49.59+7.2)$ m² ＝ 56.79 m²

查定额 13-26，基价为 18.6530 元/m²。

石膏板饰面费用：18.6530×56.79元＝1059.30元

天棚装饰费用合计：(1630.52+1989.83+1059.30)元＝4679.65元

2．某工程有一套两室一厅商品房，其客厅为 U38 轻钢龙骨石膏板吊顶，如图 2-43 所示，龙骨间距为 450 mm×450 mm。试计算客厅天棚装饰费用。

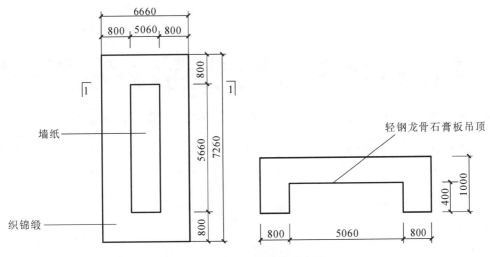

图 2-43　客厅天棚装饰示意图

解　(1) U38 轻钢龙骨。

平面：6.66×7.26 m² ＝ 48.35 m²

立面：(5.66+5.06)×2×0.4 m² ＝ 8.58 m²

查询定额：平面的定额编号 13-8，基价为 28.6811 元/m²。

侧面的定额编号 13-9，基价为 28.9195 元/m²。

龙骨的直接费：(48.35×28.6811+8.58×28.9195)元＝1634.86元

(2) 石膏板。

平面：6.66×7.26 m² ＝ 48.35 m²

立面：(5.66+5.06)×2×0.4 m² ＝ 8.58 m²

查询定额：平面的定额编号 13-22，基价为 21.2582 元/m²。

侧面的定额编号 12-41，基价为 23.6478 元/m²。

石膏板的费用：(48.35×21.2582+8.58×23.6478)元＝1230.73元

（3）墙纸。

$5.06 \times 5.66 \text{ m}^2 = 28.64 \text{ m}^2$

查询定额：定额编号 14-153，基价为 42.7085 元/m^2。

墙纸的费用：28.64×42.7085 元 $= 1223.17$ 元

（4）织锦缎。

$(6.66 \times 7.26 - 28.64) \text{m}^2 = 19.71 \text{ m}^2$

查询定额：定额编号 14-162，基价为 42.2739 元/m^2。

墙纸的费用：(19.71×42.2739) 元 $= 833.22$ 元

所以，客厅天棚的装饰直接费为：$(1634.86 + 1230.73 + 1223.17 + 833.22)$ 元 $= 4921.98$ 元

任务 3 天棚工程清单计价

一、工程量计算

本章共 4 节 10 个项目，包括天棚抹灰、天棚吊顶、采光天棚及天棚其他装饰。

1. 天棚抹灰（编码 011301）

1）适用范围

天棚抹灰适用于混凝土现浇板、预制混凝土板、木板条等基层面。

2）项目特征

应描述：① 基层类型；② 抹灰厚度、材料种类；③ 砂浆配合比。

3）工程内容

应包括：① 基层清理；② 底层抹灰；③ 抹面层。

4）工程量计算

计量单位：m^2。按设计图示尺寸以水平投影面积计算。

计算面积时不扣除间壁墙、垛、柱、附墙烟囱、检查口和管道所占的面积。

注意：① 带梁天棚，梁两侧抹灰面积并入天棚面积计算；② 板式楼梯底面抹灰按斜面面积计算；③ 锯齿形楼梯底板抹灰按展开面积计算。

2. 天棚吊顶（编码 011302）

1）适用范围

天棚吊顶包括吊顶天棚、格栅吊顶、吊筒吊顶、藤条造型悬挂吊顶、织物软雕吊顶、装饰网架

吊顶,编码从011302001至011302006。适用于由骨架、面层、固定件组成的天棚吊顶。

2)项目特征

应描述:① 吊顶形式;② 骨架特征;③ 基层特征;④ 面层特征;⑤ 压条材料种类、规格;⑥ 嵌缝材料种类;⑦ 防护材料种类。

3)工程内容

应完成基层清理,底层处理,龙骨安装,面层铺设,刷防护材料、油漆等工作。

4)工程量计算

(1)天棚吊顶的计量单位:m^2。按设计图示尺寸以水平投影面积计算。

在计算面积时:① 不扣除间壁墙、检查口、附墙烟囱、柱垛和管道所占面积;② 应扣除单个面积大于 $0.3 m^2$ 的孔洞、独立柱及与天棚相连的窗帘盒所占面积;③ 不展开天棚中的灯槽及跌级、锯齿形、吊挂式、藻井式天棚面积。

(2)格栅吊顶、吊筒吊顶、藤条造型吊顶、织物吊顶、网架吊顶按设计图示尺寸以水平投影面积计算。

3. 采光天棚(编码011303)

1)适用范围

采光天棚只有面层,其骨架应单独按金属结构相关项目编码列项。

2)项目特征

应描述:① 骨架类型;② 固定类型,固定材料品种、规格;③ 面层材料品种、规格;④ 嵌缝、塞口材料种类。

3)工程内容

工作内容应包括:① 清理基层;② 面层制安;③ 嵌缝、塞口;④ 清洗。

4)工程量计算

计量单位:m^2。按框外围展开面积计算。

4. 天棚其他装饰(编码011303)

1)适用范围

天棚其他装饰包括灯带与送风口、回风口,适用于各类天棚上的装饰。

2)项目特征

(1)灯带(编码011304001)应描述:① 灯带形式、尺寸;② 格栅片材料品种、规格、品牌、颜色;③ 安装固定方式。

(2)送风口(编码011304002)应描述:① 风口材料品种、规格、品牌、颜色;② 安装固定方式;③ 防护材料种类。

3)工程内容

(1)灯带包括安装、固定。

(2)送风口、回风口包括安装、固定、刷防护材料。

4)工程量计算

(1)灯带的计量单位:m^2。按设计图示尺寸以框外围面积计算。

(2)送风口、回风口的计量单位:个。按设计图示数量计算。

二、工程量清单计价

工程量清单计价,首先应对清单项目特征的描述做仔细分析。根据设计图纸,依据《浙江省建设工程工程量清单指引》,并结合施工组织设计,确定本清单项目可组合的主要内容。根据组合的内容,可按照定额的工程量计算规则计算各主要内容的工程数量,参考或套用定额相应子目,计算工程量清单项目的综合单价。

1. 清单计价组合内容

按照《浙江省建设工程清单计价指引》,天棚抹灰可组合的内容如表2-5所示。天棚吊顶可组合的内容如表2-6所示。

表2-5 天棚抹灰可组合的内容

项目编码	项目名称	可组合的主要内容	对应的定额子目
011301001	天棚抹灰	1. 一般抹灰	13-1
		2. 石膏浆	13-2～13-3

表2-6 天棚吊顶可组合的内容

项目编码	项目名称	可组合的主要内容		对应的定额子目
011302001	吊顶天棚	1.天棚骨架	木龙骨	13-4～13-7
			轻钢龙骨	13-8～13-12
			铝合金龙骨	13-13～13-14
		2.天棚饰面(基层)	木板	13-15～13-21
			石膏板	13-22～13-26
		3.天棚面层(带龙骨)	铝合金饰面	13-43～13-44
			玻璃饰面	13-45～13-46
			其他装饰材料	13-27～13-43、13-47～13-52
		4.装饰条、压条		15-25～15-81
		5.油漆、涂料、裱糊		14-95～14-98、14-123、14-128～14-121、14-153、14-156、14-159、14-162

2. 工程量清单计价编制

按照清单项目工程内容,可根据施工图和施工方案,将天棚龙骨安装、基层铺贴、面层铺贴、装饰线条、压条、嵌缝、刷防护材料及油漆等予以组合,作为清单项目的计价组合子目。

学习情境 4

门窗及木结构工程费

门窗工程　木结构、门
清单计量　窗工程定额

学习目标

1. 知识目标

(1) 掌握门窗工程的构造组成及相关施工工艺；
(2) 掌握门窗工程计量项目划分；
(3) 熟悉门窗工程的计算规则；
(4) 理解与掌握教材中工程量的计算实例和定额使用实例。

2. 能力目标

(1) 了解门窗工程构造及工艺。

(2) 熟悉门窗工程量计算规则。

(3) 能结合实际施工图进行门窗工程量计价。

知识链接

门窗作为建筑物的组成部分之一，主要作用是交通疏散、通风和采光，根据不同建筑的特性要求，有时还具有防火、保温、隔热、隔声及防辐射等性能。在建筑装饰装修过程中，门窗的造型、色彩和材质对建筑的装饰效果影响较大。

1. 门的功能要求

1) 交通及疏散作用的要求

门能够在各空间之间以及室内与室外之间起到交通联系的作用。同时，为满足紧急疏散的需要，在建筑设计规范中，根据预期的人流量及家具、设备大小等，对门的设置数量、位置、尺度及开启方向等均做了具体的规定，这些都是装饰设计必须遵循的重要依据。

2) 围护与分隔作用的要求

为了保证使用空间具有良好的物理环境，门的设置通常需要考虑保温、隔热、防风、防雨、隔声及密闭等问题，还有一些门具有特殊的功能，如防火门、隔声门等。同时，门还以多种形式按需要将空间分隔开，这些要求在门的装饰构造中必须得到满足。

3) 采光、通风方面的要求

建筑的采光主要依靠外窗来解决，但一些安装在特定位置的门也应满足采光要求，如阳台门或室内隔断门等。内门与外窗之间的相对位置对保证气流通畅起着重要作用。

门是人进入一个空间的必经之路，会给人留下深刻的印象。门的样式多种多样，合理选择门及其附件的风格和式样，确定门的材料、尺度、比例、色彩、造型及质地等，对装饰效果起着非常重要的作用。

2. 窗的装饰设计要求

1) 维护方面的要求

作为重要的围护构建之一，窗应具有防风、防雨、隔声、隔热、保温等功能，以提供舒适的室内环境。

2) 采光、通风方面的要求

窗是室内天然采光的主要方式，窗的面积和布置方式直接影响采光效果。在设计中，应选择具有合理形式和面积的窗户。通风换气主要依靠外窗，在设计中应尽量使内外窗的相对位置处于有利于空气对流的位置。

3) 窗的装饰要求

外窗是组成建筑外立面的主要元素，其形式直接反映建筑的风格。因此，窗的装修风格、形式及材料必须与建筑的使用功能、室外环境及周围建筑的风格相协调。

任务 1　门窗工程基础知识

一、木门窗

木门窗主要由门框、门扇、亮子、五金配件等部分组成。木门的构造如图 2-44 所示。

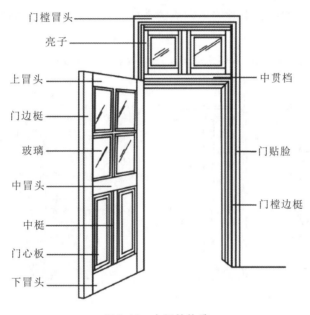

图 2-44　木门的构造

1. 门框

1) 门框

门框又叫门樘,用来连接墙体或柱身及楼地面与过梁,用以安装门扇与亮子。门框一般由竖向的边梃、中梃及横向的上、中、下冒头组成。

门框与墙体的结合处应留有一定的空隙,并充分考虑门框两侧墙体抹灰等装饰处理层的厚度,其固定点的空隙用木片或硬质塑料垫实。

2) 门框安装位置

门框在墙体的安装位置分为墙中(也称立中)、偏里和偏外(也称偏口)等。

2. 门扇

门扇根据其构造和立面造型不同,可分为各类木装饰门。

1) 夹板门

夹板门的门扇骨架由(32～35) mm×(34～60) mm 方木构成纵横肋条,两面贴面板和饰面层,如各类装饰板、防火板、微薄木拼花拼色、镶嵌玻璃、装饰造型线条等。

2) 镶板门

镶板门也称框式门,其门扇由框架配上玻璃或木镶板构成,门框由上、中、下冒头和边梃组成,框架内嵌装玻璃的称为实木框架玻璃门。镶板门的构造如图 2-45(a)所示。

3) 拼板门

拼板门多用于外门或储藏室、仓库。制作时先做木框,将木拼板镶入。木拼板可以用 15 mm 厚的木板,两侧留槽,用三夹板条穿入。

4) 实木门

实木门是由胡桃木、柚木或其他实木制成的高档门扇,具有典雅大方的特点。

5) 贴板门

贴板门可用方木做成骨架或采用木工板,外贴板材,利用板材的凹凸变化或色彩变化形成装饰图案,应用广泛。贴板门的构造如图 2-45(b)所示。

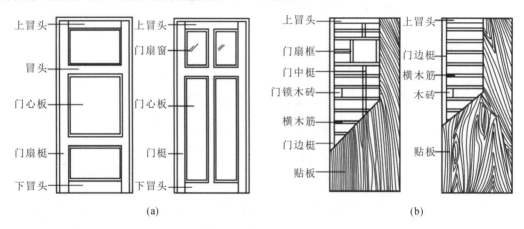

图 2-45 木门扇的构造

6) 镶嵌门

镶嵌门以木材为主要材料形成框架,再用其他材料镶嵌其中,如铁艺、钢饰及各种色彩玻璃、磨砂玻璃、裂纹玻璃等,以达到独特的装饰效果。

3. 木窗扇

木窗扇在安装玻璃时,一般将玻璃放在外侧,用小钉将玻璃卡牢,再用油灰嵌固;对于不受雨水侵蚀的木窗扇,也可用小木条镶嵌。

4. 亮子

亮子又叫腰头,指门的上部类似窗的部件。亮子的主要功能为通风、采光、扩大门的面积、满足门的造型设计需要。亮子一般都镶嵌玻璃,玻璃的种类常与相应门扇中镶嵌的玻璃一致。

5. 门帘

门帘的作用是遮挡视线或隔绝在门口处流动的冷热空气。门帘一般设置于门扇开启的另一侧,以免影响门扇的开启与闭合运动。门帘一般垂直悬挂于门帘箱中。门帘的材料有织物、串珠、塑料等。

6. 门帘箱

门帘箱是门帘的安装部件,设置于门洞口的上部,其长度大于门洞的宽度,其宽度应确保遮盖住门帘的悬吊装置,其高度应不低于门框上槛的顶面。

7. 门套

门套是门框的延续装饰部件,设置在门洞口的左右两侧及顶部位置。门套可以采用木材、石材、有色金属、面砖等材料制成。

8. 五金配件

五金配件有合页、拉手、插销、门锁、闭门器和门吸等,门锁和拉手如图 2-46 所示。

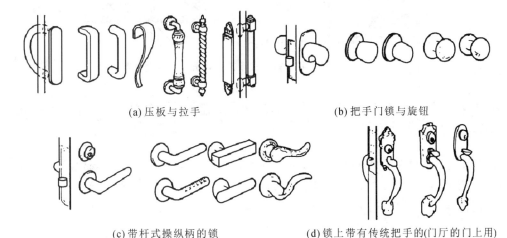

(a) 压板与拉手　　　　　　　　(b) 把手门锁与旋钮

(c) 带杆式操纵柄的锁　　　　　(d) 锁上带有传统把手的(门厅的门上用)

图 2-46　门锁和拉手

二、铝合金门窗

铝合金门窗是以门窗框料截面宽度、开启方式等区分的,如 70 系列表示门窗框料截面宽度为 70 mm。

铝合金门窗选用的玻璃厚度一般为 5 mm 或 6 mm;窗纱应选用铝纱或不锈钢纱;密封条可选用橡胶条或橡塑条;密封材料可选用硅酮胶、聚硫胶、聚氨酯胶、丙烯酸酯胶等。铝合金推拉窗构造如图 2-47 所示。

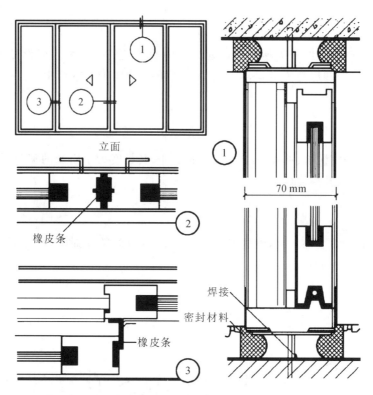

图 2-47 铝合金推拉窗构造

三、塑料门窗

塑料门窗是由硬 PVC 塑料组装而成的。塑料门窗具有防火、阻燃、抗老化、防腐、防潮、隔热、隔声、耐低温（−30～50 ℃的环境下不变色，不降低原有性能）、抗风压能力强、色泽美等特性。塑料门窗构造如图 2-48 所示。

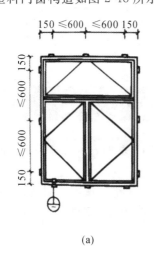

(a)

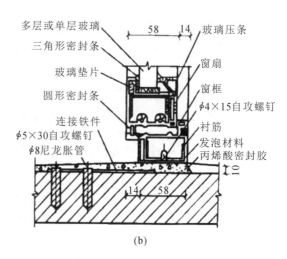

(b)

图 2-48 塑料门窗构造

四、玻璃装饰门

玻璃装饰门是用 12 mm 以上厚度的玻璃板直接做门扇的门，一般由活动门扇和固定玻璃两部分组成。玻璃一般为厚平板白玻璃、雕花玻璃、钢化玻璃及彩印图案玻璃等。

五、自动门

自动门结构精巧、布局紧凑、运行噪声小、开闭平稳、运行可靠。按门体材料分，有铝合金门、不锈钢门、无框全玻璃门和异形薄壁铜管门；按门扇数量分，有两扇形、四扇形、六扇形等；按传感器类型分，有超声波传感器、红外线探头、微波探头、遥控探测器、毡式传感器、开关式传感器和拉线开关或手动按钮式传感器等；按开启方式分，有推拉式、中分式、折叠式、滑动式和平开式自动门等。无框全玻璃门构造如图 2-49 所示。

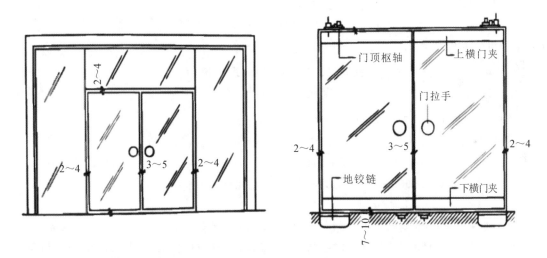

图 2-49　无框全玻璃门构造

六、旋转门

旋转门采用合成橡胶密封固定玻璃，活扇与转壁之间采用聚丙烯毛刷条，具有良好的密闭、抗震和耐老化性能。按型材结构分，有铝结构和钢结构两种，铝结构采用铝合金型材制作，钢结构采用不锈钢或 20 碳素结构钢无缝异型管制作；按开启方式分，有手推式和自动式两种；按转壁材料分，有双层铝合金装饰板和单层弧形玻璃；按门扇数量分，有单体和多扇形组合体，多扇形组合体有四扇固定、四扇折叠移动和三扇等形式。

任务 2 门窗及木结构工程定额计价

一、门窗及木结构工程定额应用

《浙江省房屋建筑与装饰工程预算定额》(2018 版)第八章门窗工程包括木门及门框、金属门、金属卷帘门、厂库房大门、特种门、其他门、木窗、金属窗、门钢架、门窗套、窗台板、窗帘盒、轨、门五金等。

定额使用说明如下。

(1) 本章中的普通木门、装饰门扇、木窗按现场制作、安装综合编制,厂库房大门按制作、安装分别编制,其余门、窗均按成品安装编制。

(2) 采用一、二类木材木种编制的定额,如设计采用三、四类木种时,除木材单价调整外,定额人工和机械乘以系数 1.35。

例 2-12 某工程有亮镶板门,采用硬木制作,求单价。

解 查定额 8-1,基价为 171.4900 元/m²。

换算后基价=原基价+木材价差+木种不同引起的人工机械差价
= [171.4900+(3276-1810)×(0.01908+0.01632+0.01016+0.00461)+
(69.9996+1.0310)×(1.35-1)]元/m²
= 269.90 元/m²

式中 3600 为硬木框扇料预算单价,69.9996、1.0310 分别为定额的人工费和机械费。

(3) 定额所注木材断面、厚度均以毛料为准,如设计为净料,应另加刨光损耗:板枋材单面加 3 mm,双面加 5 mm,其中普通门门板双面刨光加 3 mm。木材断面、厚度设计与表 2-7 不同时,木材用量按比例调整,其余不变。

表 2-7 木门窗用料断面规格尺寸表

门窗名称		门 窗 框	门窗扇立梃	门 板
普通门	镶板门	5.5×10	4.5×8.0	1.5
	胶合板门		3.9×3.9	
	半玻门		4.5×10.0	1.5
自由门	全玻门	5.5×12	5.0×10.5	
	带玻胶合板门	5.5×10.0	5.0×6.5	

续表

门窗名称		门窗框	门窗扇立梃	门板
厂库房木板大门	带框平开门	5.3×12	4.5×10.5	2.1
	不带框平开门		5.5×12.5	
	不带框推拉门			
普通版	平开窗	5.5×8.0	4.5×6.0	
	翻窗	5.5×9.5		

例 2-13 某工程杉木平开窗,设计断面尺寸(净料)窗框为 5.5 cm×8 cm,窗扇梃为 4.5 cm×6 cm,求基价。

解

① 设计为净料尺寸,加刨光损耗后的尺寸如下。

窗框:(5.5+0.3) cm×(8+0.5) cm=5.8 cm×8.5 cm

窗扇梃:(4.5+0.5) cm×(6+0.5) cm=5 cm×6.5 cm

定额平开窗断面尺寸取定如下。

窗框:5.5 cm×8 cm

窗扇梃:4.5 cm×6 cm

② 设计木材用量按比例调整。

查定额 8-105,窗框杉木含量为 0.02015 m³,窗扇梃为 0.01887 m³。

窗框:$\frac{5.8 \times 8.5}{5.5 \times 8} \times 0.02015 \text{ m}^3 = 0.02257 \text{ m}^3$

窗扇梃:$\frac{5 \times 6.5}{4.5 \times 6} \times 0.01887 \text{ m}^3 = 0.02271 \text{ m}^3$

③ 基价换算:木开窗定额编号 8-105,基价为 162.2388 元/m²。

换算后基价=原基价+木材量差引起的差价

=[162.2388+(0.02257−0.02015+0.02271−0.01887)×1810]元/m²

=(162.2388+11.3306)元/m²

=173.57 元/m²

(4) 铝合金成品门窗安装项目按隔热断桥铝合金型材考虑,如设计为普通铝合金型材时,按相应定额项目执行。采用单片玻璃时,除材料换算外,相应定额子目的人工乘以系数 0.8;采用中空玻璃时,除材料换算外,相应定额子目的人工乘以系数 0.90。

(5) 弧形门窗套用相应定额,人工乘以系数 1.15;弯弧形型材费用另行增加。

(6) 全玻璃门有框亮子安装按全玻璃有框门扇安装项目执行,人工乘以系数 0.75,地弹簧换为膨胀螺栓,消耗量调整为 277.55 个/100 m²;无框亮子安装按固定玻璃安装项目执行。

(7) 门钢架、门窗套。

① 门窗套(筒子板)、门钢架基层、面层项目未包括封边线条时,设计要求另按本定额第十五章"其他装饰工程"中相应线条项目执行。

② 门窗套、门窗筒子板均执行门窗套(筒子板)项目。

(8) 窗台板。

① 窗台板与暖气罩相连时,窗台板并入暖气罩,按本定额第十五章"其他装饰工程"中相应暖气罩项目执行。

② 石材窗台板安装项目按成品窗台板考虑。

(9) 门五金。

① 普通木门窗一般小五金,如普通折页、蝴蝶折页、铁插销、风钩、铁拉手、木螺丝等已综合在五金材料费内,不另计算。地弹簧、门锁、门拉手、闭门器及铜合页等特殊五金另套相应定额计算。

② 成品木门(扇)、成品全玻璃门扇安装项目中五金配件的安装,仅包括门普通合页、地弹簧安装,其中合页材料费包括在成品门(扇)内,设计要求的其他五金另按本章"门五金"一节中门特殊五金相应项目执行。

③ 成品金属门窗、金属卷帘门、特种门、其他门安装项目包括五金安装人工,五金材料费包括在成品门窗价格中。

④ 防火门安装项目包括门体五金安装人工,门体五金材料费包括在防火门价格中,不包括防火闭门器、防火顺位器等特殊五金,设计要求另按本章"门五金"一节中门特殊五金相应项目执行。

(10) 门连窗,门、窗应分别执行相应项目;木门窗定额采用普通玻璃,如设计玻璃品种与定额不同时,单价调整;厚度增加时,另按定额的玻璃面积每 $10 m^2$ 增加玻璃用工 0.73 工日。

二、定额计量规则

1. 木门窗

(1) 普通木门窗按设计门窗洞口面积计算。
(2) 成品木门框按设计框外围尺寸以延长米计算。
(3) 装饰木门扇工程量按门扇外围面积计算。
(4) 成品木门扇安装工程量按扇面积计算。
(5) 成品套装木门安装工程量按设计图示数量以樘计算。
(6) 纱门扇安装按门扇外围面积计算。
(7) 弧形门窗工程量按展开面积计算。

2. 金属门窗

(1) 金属安装工程量按设计门窗洞口面积计算。其中纱门、窗扇按扇外围面积计算;防盗窗按外围展开面积计算。
(2) 金属卷帘门按设计门洞面积计算,电动装置按套计算,活动小门按个计算。

3. 大门、特殊门

厂库房大门、特种门按设计图示门洞口面积计算,无框门按扇外围面积计算。

4. 玻璃门

（1）全玻有框门扇按设计图示框外边线尺寸以面积计算，有框亮子按门扇与亮子分界线以面积计算。
（2）全玻无框（条夹）门扇按设计图示扇面积计算，高度算至条夹外边线，宽度算至玻璃外边线。
（3）全玻无框（点夹）门扇按设计图示玻璃外边线尺寸以面积计算。
（4）无框亮子（固定玻璃）按设计图示亮子与横梁或立柱内边缘尺寸以面积计算。

5. 其他

（1）成品门窗套按设计图示饰面外围尺寸以展开面积计算。
（2）门窗套（筒子板）龙骨、面层、基层均按设计图示饰面外围尺寸以展开面积计算。
（3）窗帘盒基层工程量按单面展开面积计算，饰面板按实铺面积计算。
（4）窗台板按设计图示长度乘宽度以面积计算；图纸未注明尺寸的，窗台板长度可按窗框的外围宽度两边共加 100 mm 计算；窗台板凸出墙面的宽度按墙面外加 50 mm 计算。

6. 说明

门与窗相连时，应分别计算工程量；设计有明确尺寸时，按明确尺寸分别计算，设计不明确时，门的宽度算至门框线的外边线。

三、拓展训练

某工程楼建筑平面如图 2-50 所示，设计门窗为有亮胶合板木门和铝合金推拉窗，计算门窗直接工程费用。（M1：900 mm×2400 mm，M2：900 mm×2400 mm，C1：1800 mm×1800 mm）

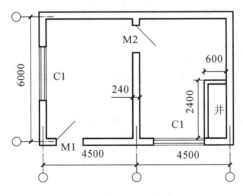

图 2-50 某楼平面示意图

解 木门工程量 $S = 0.9 \times 2.4 \times 2 \text{ m}^2 = 4.32 \text{ m}^2$
查定额 8-3，基价为 180.4103 元/m²。
铝合金窗工程量 $S = 1.8 \times 1.8 \times 2 \text{ m}^2 = 6.48 \text{ m}^2$
查定额 8-110，基价为 509.2301 元/m²。
门窗费用：$(4.32 \times 180.4103 + 6.48 \times 509.2301)$ 元 = 4079.18 元

任务 3 门窗工程清单计价

一、工程量计算

本章共 10 节 55 个项目,包括木门、金属门、金属卷帘门、其他门、木窗、金属窗、门窗套、窗帘盒、窗帘轨、窗台板。

1. 木门(编码 010801)

1) 适用范围

木门包括木质门、木质门带套、木质连窗门、木质防火门、木门框、门锁安装,编码从 010801001 至 010801006。

2) 项目特征

(1) 木质门、木质门带套、木质连窗门、木质防火门等应描述:① 门代号及洞口尺寸;② 镶嵌玻璃品种、厚度。

(2) 木门框应描述:① 门代号及洞口尺寸;② 框截面尺寸;③ 防护材料种类。

(3) 门锁安装应描述:① 锁品种;② 锁规格。

3) 工程内容

应包括:① 门安装;② 玻璃安装;③ 五金安装等。

4) 工程量计算

(1) 木质门、木质门带套、木质连窗门、木质防火门等的计量单位:樘或 m^2。按设计图示数量计算或按设计图示洞口尺寸以面积计算。

(2) 木门框的计量单位:樘或 m。按设计图示数量计算或按设计图示框的中心线以延长米计算。

(3) 门锁安装的计量单位:个或套。按设计图示数量计算。

2. 金属门(编码 010802)

1) 适用范围

金属门包括金属(塑钢)门、彩板门、防盗门、钢质防火门,编码从 010802001 至 010802004。适用于各种类型的金属门。

2) 项目特征

应描述:① 门代号及洞口尺寸;② 门框或扇外围尺寸;③ 门框、扇材质;④ 玻璃品种、厚度。

3) 工程内容

主要是门安装、五金安装和玻璃安装。

4) 工程量计算

计量单位:樘或 m^2。按设计图示数量计算或按设计图示洞口尺寸以面积计算。

3. 金属卷帘(闸)门(编码 010803)

1) 适用范围

金属卷帘门包括金属卷帘(闸)门、防火卷帘(闸)门,编码从 010803001 至 010803002。适用于各类金属卷帘门。

2) 项目特征

应描述:① 门代号及洞口尺寸;② 门材质;③ 启动装置品种、规格。

3) 工程内容

主要是门运输、安装;启动装置、活动小门、五金安装。

4) 工程量计算

计量单位:樘或 m^2。按设计图示数量计算或按设计图示洞口尺寸以面积计算。

4. 其他门(编码 010805)

其他门包括电子感应门、旋转门、电子对讲门、电动伸缩门、全玻门(带扇框)、全玻自由门(无扇框)、半玻门(带扇框)、镜面不锈钢饰面门,编码从 010805001 至 010805007。其项目特征、工程内容基本与木门、金属门相同。工程量按设计图示数量以樘或 m^2 计算,即按设计图示数量计算或按设计图示洞口尺寸以面积计算。

5. 木窗(编码 010806)

1) 适用范围

木窗包括木质窗、木飘(凸)窗、木橱窗、木纱窗,编码从 010806001 至 010806004。适用于各类木质窗。

2) 项目特征

应描述:① 窗代号及洞口尺寸或框的外围尺寸;② 玻璃品种、厚度;③ 防护材料种类;④ 窗代号及框的外围尺寸;⑤ 窗纱材料品种、规格。

3) 工程内容

应包括:① 窗安装;② 五金、玻璃安装;③ 刷防护材料。

4) 工程量计算

(1) 木质窗、木飘(凸)窗、木橱窗的计量单位:樘或 m^2。按设计图示数量计算或按设计图示洞口尺寸以面积计算或按设计图示尺寸以框外围展开面积计算。

(2) 木纱窗计量单位:樘或 m^2。按设计图示数量计算或按框外围尺寸以面积计算。

6. 金属窗(编码 010807)

金属窗包括金属(塑钢、断桥)窗、金属防火窗、金属百叶窗、金属纱窗、彩板窗、金属(塑钢、断桥)橱窗、金属格栅窗、金属(塑钢、断桥)飘(凸)窗等,编码从 010807001 至 010807009。适用于各种类型的金属窗。

工程量计算:计量单位均是樘或 m²。

(1) 金属(塑钢、断桥)窗、金属防火窗、金属格栅窗等按设计图示数量计算或按设计图示洞口尺寸以面积计算;

(2) 金属纱窗按设计图示数量计算或按框外围尺寸以面积计算;

(3) 金属(塑钢、断桥)橱窗、金属(塑钢、断桥)飘(凸)窗按设计图示数量计算或按设计图示尺寸以框外围展开面积计算;

(4) 彩板窗、复合材料窗按设计图示数量计算或按设计图示洞口尺寸以面积计算或按设计图示尺寸以框外围展开面积计算。

7. 门窗套(编码 010808)

门窗套项目包括木门窗套、金属门窗套、石材门窗套、门窗木贴脸、木筒子板、饰面夹板筒子板、成品木门窗套,编码从 010808001 至 010808007。

其项目特征应描述:① 窗代号及洞口尺寸;② 门窗套展开宽度;③ 基层材料种类;④ 面层材料品种、规格;⑤ 防护材料种类;⑥ 线条品种、规格。

工程内容应包括:① 基层清理;② 底层抹灰;③ 立筋制作、安装;④ 基层板安装;⑤ 面层铺贴;⑥ 线条安装;⑦ 刷防护材料。

工程量计量单位:樘或 m² 或 m。按设计图示数量计算或按设计图示尺寸以展开面积计算或按设计图示中心以延长米计算。门窗木贴脸的工程量计算单位是樘或 m,按设计图示数量计算或按设计图示中心以延长米计算。

8. 窗台板(编码 010809)

窗台板包括木窗台板、铝塑窗台板、金属窗台板、石材窗台板等,编码从 010809001 至 010809004。

工程计量单位为 m²,计量规则是按设计图示尺寸以展开面积计算。

9. 窗帘、窗帘盒、窗帘轨(编码 010810)

窗帘、窗帘盒、窗帘轨项目包括窗帘、木窗帘盒、饰面夹板、塑料窗帘盒、铝合金窗帘盒、窗帘轨,编码从 010810001 至 010810005。

其项目特征应包括:① 窗帘盒材质、规格;② 窗帘轨材质、规格;③ 防护材料种类;④ 窗帘材质、高度、宽度、层数;⑤ 带幔要求。

其工程内容应包括:① 制作、运输、安装;② 刷防护材料。

窗帘的计量单位是 m² 或 m,按设计图示尺寸以成活后长度或成活后展开面积计算;其他的工程量计量单位为 m,按设计图示尺寸以长度计算。

二、工程量清单计价

工程量清单计价时,首先应对清单项目特征的描述作仔细分析,根据设计图纸,依据《浙江省建设工程工程量清单指引》,并结合施工组织设计,确定本清单项目可组合的主要内容。根据组合的内容，按照定额的工程量计算规则计算各主要内容的工程数量，参考或套用定额相应子目，计算工程量清单项目的综合单价。清单计价规范中的门窗工程，其计量单位为樘，在清单计价时应将每樘门窗所含的工程内容进行组合，先计算组合内容的工程量，再按清单项目计量单位折算成以樘为单位的综合单价。

在实际工作中，工程量清单项目设置和综合单价计价可参照本省的清单计价指引。

学习情境 5

油漆、涂料、裱糊工程费

涂料

油漆、涂料、
裱糊工程费

油漆、涂料、裱糊
工程清单计量

学习目标

1. 知识目标

（1）掌握油漆、涂料、裱糊工程施工工艺。
（2）掌握木材面油漆、金属面油漆、抹灰面油漆、涂料工程量计算规则。
（3）掌握关于油漆、涂料、裱糊工程套价的规定。

2. 能力目标

（1）了解油漆、涂料、裱糊工程中的工程量计算规则和方法。
（2）熟悉油漆、涂料、裱糊工程量清单计价。
（3）能结合实际施工图进行油漆、涂料、裱糊工程量计价。

> **知识链接**

或为美观,或为保护构件,或为提高装饰档次,除了采取前面讲述的一些装饰技术外,还可对构件或部位进行刷或喷油漆、涂料、裱糊等装饰施工。

油漆是一种能牢固覆盖在物体表面,起保护、装饰、标志和其他特殊用途的化学混合物涂料。一般来讲,就是能涂覆在被涂物体表面并能形成牢固附着的连续薄膜的材料。油漆早期大多以植物油为主要原料,故被叫作"油漆",如健康环保的熟桐油。

涂料是在物件表面形成一层保护膜,起防腐、防水、防油、耐化学品、耐光、耐温等功能,以免物件暴露在大气之中,受到氧气、水分等的侵蚀而造成金属锈蚀、木材腐朽、水泥风化等破坏现象,从而使得各种材料的使用寿命延长。

裱糊是在建筑物内墙和顶棚表面粘贴纸张、塑料壁纸、玻璃纤维墙布、锦缎等制品的施工,可美化居住环境,满足使用的要求,并对墙体、顶棚起一定的保护作用。由于其色泽和凹凸图案效果丰富,选用相应品种或采取适当的构造做法后可以具有一定的吸声、隔声、保温及防菌等功能,广泛应用于酒店、宾馆及各种会议、展览与洽谈空间以及居民住宅卧室等。它属于中高档建筑装饰。

任务 1 油漆、涂料、裱糊工程基础知识

一、油漆类构造

油漆是涂刷在材料表面的、能干结成膜的有机涂料,由粉结剂、颜料、溶剂和催干剂组成。油漆类饰面能隔绝外界空气、水分,起到防潮、防腐、防锈的作用,同时漆膜表面光洁、美观,能改善卫生条件,增强装饰效果。常用油漆有调和油漆、清漆、防锈漆。

1. 木墙面油漆的构造

(1)满刮腻子,打磨平整;
(2)低漆一道封闭;
(3)中层漆两道,厚实饱满;
(4)面层漆。

2. 抹灰墙面油漆的构造

(1)水泥砂浆找平;
(2)混合砂浆中层,充分干燥无裂纹;
(3)满刮腻子,打磨平整;

(4) 低漆一道封闭；

(5) 中层漆两道，厚实饱满；

(6) 面层漆。

二、涂料类构造

涂料是涂敷于物体表面，能与基层材料很好地黏结并形成完整而坚韧的保护膜的材料。

1. 涂料类饰面的类型

涂料类饰面种类繁多，性能各异，用途广泛。

(1) 按涂料作用位置分，有外墙涂料、内墙涂料。

(2) 按涂料主要成膜物质的不同，可分为有机类涂料、无机类涂料。

(3) 按涂料的形态可分为水性涂料、溶剂型涂料、粉末涂料、高固体分子涂料等。

(4) 按功能可分为装饰涂料、防火涂料、防水涂料、防腐涂料、防霉涂料、导电涂料、防锈涂料、耐高温涂料、保温涂料、隔热涂料等。

(5) 按涂料厚度和质感可分为薄质涂料、厚质涂料等。

2. 涂料类饰面的基本构造

涂料类饰面的构造一般可以分为三层，即底层、中间层、面层。

(1) 底层。底层俗称刷底漆，其主要目的是增加涂层与基层之间的黏附力，同时还可以进一步清理基层表面的灰尘，使一部分悬浮的灰尘颗粒固定于基层。

另外，在许多场合中，底层涂料还兼具基层封闭剂的作用，用来防止木脂、水泥砂浆抹灰层中的可溶性盐等物质渗出表面，造成对涂饰饰面的破坏。

(2) 中间层。中间层是整个涂层构造中的成型层，其目的是通过适当的工艺，形成具有一定厚度的、匀实饱满的涂层，达到保护基层和形成所需的装饰效果的目的。因此，中间层的质量如何，对饰面涂层的保护作用和装饰效果的影响很大。中间层的质量好，不仅可以保证涂层的耐久性、耐水性和强度，在某些情况下还可对基层起到补强的作用。为了增强中间层的作用，近年来往往采用厚涂料，如白水泥、砂砾等材料配置中间造型层的涂料，这一做法，对于提高膜层的耐久性显然也是有利的。

(3) 面层。面层的作用是体现涂层的色彩和光感。从色彩的角度考虑，为了保证色彩均匀，并满足耐久性、耐磨性等方面的要求，面层最低限度应涂刷两遍。从光泽的角度考虑，一般来说油性漆、溶剂型涂料的光泽度普遍比水性涂料、无机涂料的光泽度要高一些。但从漆膜反光的角度分析，却不尽然，因为反光光泽度的大小不仅与所用溶剂的类型有关，还与填料的颗粒大小、基本成膜物质的种类有关。当采用适当的涂料生产工艺、施工工艺时，水性涂料和无机涂料的光泽度可以赶上甚至超过油性涂料、溶剂型涂料的光泽度。

3. 水性涂料饰面构造

(1) 基层处理。对于砖墙，12 mm 厚 1∶3 水泥砂浆打底扫毛或划出纹道，6 mm 厚 1∶2.5

水泥砂浆找平。对于混凝土墙,基层用聚合物砂浆修补平整。对于加气混凝土轻型墙,6 mm厚1∶0.5∶4水泥石灰膏砂浆打底扫毛,6 mm厚1∶1∶6水泥石灰膏砂浆刮平扫毛,6 mm厚1∶2.5水泥砂浆找平。

(2) 底层滚刷、毛刷、喷枪喷封底涂料一遍,增强黏结力。

(3) 面层刷稀释涂料二遍。

4. 溶剂性涂料饰面构造

(1) 基层处理同水性涂料;

(2) 底层同水性涂料;

(3) 中间层滚刷、毛刷、喷枪喷涂料二遍;

(4) 花纹层喷枪喷主体涂层,待六成干时进行花纹造型;

(5) 面层滚刷、毛刷、喷枪喷罩面涂层1～2遍。

5. 真石涂料饰面构造

(1) 基层处理同水性涂料;

(2) 底层同水性涂料;

(3) 中间层滚刷、毛刷乳胶稀释涂层一遍;

(4) 花纹层喷枪喷稀释真石涂层1～3遍;

(5) 面层滚刷、毛刷、喷枪喷无须稀释溶剂型透明涂层1～2遍。

三、裱糊类构造

裱糊类饰面是采用柔性材料,利用裱糊、软包方法形成的一种内墙面饰面。这种饰面具有装饰性强、经济合理、施工方便、可成型粘贴等特点。现代室内墙面装饰常用的柔性装饰材料有各种壁纸、墙布、棉麻制品、织锦缎、皮革、微薄木等。

1. 壁纸裱糊的构造

(1) 基层处理:对于砖墙,12 mm厚1∶0.3∶3水泥石灰膏砂浆打底,6 mm厚1∶1∶6水泥石灰膏砂浆抹面压光;对于混凝土墙,先刷混凝土界面处理剂一道(随刷随抹底灰),再用和砖墙相同的材料打底压光;对于加气混凝土轻型墙,先刷加气混凝土界面处理剂一道,用5 mm厚1∶0.5∶4水泥石灰膏砂浆打底扫毛,继续6 mm厚1∶1∶6水泥石灰膏砂浆扫毛,5 mm厚1∶0.3∶2.5水泥石灰膏砂浆抹面压光。

(2) 找平层满刮腻子一道。

(3) 结合层刷(喷)一道清油。

(4) 粘贴层贴壁纸(布),在纸背面和墙面上均刷壁纸专用胶。

2. 墙布裱糊的构造

玻璃纤维墙布和无纺墙布的裱糊方法与纸基墙纸的裱糊方法基本相同,其不同的构造做法是：

（1）玻璃纤维墙布和无纺墙布不需吸水膨胀，可以直接裱糊，如果预先湿水反而会因表面树脂涂层稍有膨胀而使墙布起皱，贴上墙后也难以平整。

（2）粘贴玻璃纤维布宜用由聚醋酸乙烯乳液（俗称白乳胶）和羟甲基纤维素溶液调配而成的胶液。能增加墙布与墙面的黏结力，减少翘角与起泡。

（3）玻璃纤维墙布和无纺墙布盖底力稍差，如基层表面颜色较深时，应在胶黏剂中掺入10%白色涂料。如相邻部位的基层颜色有深有浅时，应做顺色处理，以免完成的裱糊面色泽有差异。

（4）裱贴玻璃纤维墙布和无纺墙布，墙布背面不要刷胶黏剂，而是将胶黏剂刷在基层上。因为墙布有细小孔隙，如果将胶黏剂刷在墙布背面，会印透表面而出现胶痕，影响装饰效果。

丝绒、锦缎是高级墙面装饰材料，裱糊制作要求甚高，基层应做好防潮、防腐、防火处理。做面层时，应特别注意保持面料表面的洁净。

任务 2 油漆、涂料、裱糊工程定额计价

一、油漆、涂料、裱糊工程定额应用

《浙江省房屋建筑与装饰工程预算定额》（2018版）第十四章油漆、涂料、裱糊工程包括木门油漆，木扶手、木线条、木板条油漆，其他木材面油漆，木地板油漆，木材面防火涂料，板面封油刮腻子，金属面油漆，抹灰面油漆，涂料，裱糊共十节。

定额使用说明如下。

（1）本定额中油漆不分高光、半哑光、哑光，定额已综合考虑。

（2）本定额未考虑做美术图案，发生时另行计算。

（3）调和漆定额按两遍考虑，聚酯清漆、聚酯混漆定额按三遍考虑，磨退定额按五遍考虑。硝基清漆、硝基混漆按五遍考虑，磨退定额按十遍考虑。设计遍数与定额取定不同时，按每增减一遍定额调整计算。

（4）裂纹漆做法为腻子两遍，硝基色漆三遍，喷裂纹漆一遍，喷硝基清漆三遍。

（5）油漆、涂料、刮腻子项目以遍数不同设置子目，当厚度与定额不同时不做调整。

（6）隔墙、护壁、柱、天棚面层及木地板刷防火涂料，执行其他木材面刷防火涂料相应子目。

（7）木门、木扶手、木线条、其他木材面、木地板油漆定额已包括满刮腻子。

（8）抹灰面油漆、涂料、裱糊定额均不包括刮腻子，发生时单独套用相应定额。

（9）乳胶漆、涂料、批刮腻子定额不分防水、防霉，均套用相应子目，材料不同时进行换算，人工不变。

(10) 金属镀锌定额是按热镀锌考虑的。

(11) 本定额中的氟碳漆子目仅适用于现场涂刷。

(12) 质量在 500 kg 以内的单个小型金属构件(钢栅栏门、栏杆、窗栅、钢爬梯、踏步式钢扶梯、轻型屋架、零星铁件),套用相应金属面油漆子目定额人工乘以系数 1.15。

二、油漆、涂料、裱糊工程定额计量规则

(1) 楼地面、墙柱面、天棚的喷(刷)涂料、抹灰面油漆、刮腻子、板缝贴胶带点锈,其工程量的计算,除本章定额另有规定外,按设计图示尺寸以面积计算。

(2) 混凝土栏杆、花格窗按单面垂直投影面积计算;套用抹灰面油漆时,工程量乘以系数 2.5。

(3) 木材面油漆、涂料的工程量按下列各表计算方法计算。

① 套用单层木门(窗)定额其工程量乘以表 2-8 中的系数。

表 2-8 单层木门(窗)的相关系数表

定额项目	项目名称	系　数	工程量计算规则
单层木门	单层木门 双层(一板一纱)木门 全玻自由门 半截玻璃门 带通风百叶门 厂库大门 带框装饰门(凹凸、带线条)	1.00 1.36 0.83 0.93 1.30 1.10 1.10	按门洞口面积
	无框装饰门、成品门	1.10	按门扇面积
单层木窗	木平开窗、木推拉窗、木翻窗 木百叶窗 半圆形玻璃窗	0.7 1.05 0.75	按窗洞口面积

② 套用木扶手、木线条定额其工程量乘以表 2-9 中的系数。

表 2-9 木扶手、木线条的相关系数表

定额项目	项目名称	系　数	工程量计算规则
木扶手	木扶手(不带栏杆) 木扶手(带栏杆) 封檐板、顺水板	1.00 2.50 1.70	按延长米计算
木线条	宽度 60mm 以内 宽度 100mm 以内	1.00 1.30	按延长米计算

③ 套用其他木材面定额其工程量乘以表 2-10 中的系数。

表 2-10 其他木材面的相关系数表

定额项目	项目名称	系数	工程量计算规则
其他木材面	木板、纤维板、胶合板、吸音板、天棚	1.00	按相应装饰饰面工程量
	带木线的板饰面、墙裙、柱面	1.07	
	窗台板、窗帘箱、门窗套、踢脚板	1.10	
	木方格吊顶天棚	1.30	
	清水板条天棚、檐口	1.20	
	木间壁、木隔断	1.90	
	玻璃间壁露明墙筋	1.65	
	木栅栏、木栏杆(带扶手)	1.82	按单面外围面积计算
	衣柜、壁柜	1.05	按展开面积计算
	屋面板(带檩条)	1.11	斜长×宽
	木屋架	1.79	跨度(长)×中高×1/2

④ 套用木地板定额其工程量乘表 2-11 中的系数。

表 2-11 木地板的相关系数表

定额项目	项目名称	系数	工程量计算规则
木地板	木地板	1.00	按地板工程量
	木地板打蜡	1.00	
	木楼梯(不包括底面)	2.30	按水平投影面积计算

(4) 金属构件油漆或防火涂料应按其展开面积以 m^2 为计量单位,套用金属面油漆相应定额。其余构件按下列各表计算方法计算。

① 套用钢门窗定额其工程量乘表 2-12 中的系数。

表 2-12 钢门窗的相关系数表

定额项目	项目名称	系数	工程量计算规则
钢门窗	单层钢门窗	1.00	按门窗洞口面积
	双层(一玻一纱)钢门窗	1.48	
	钢百叶门	2.74	
	半截钢百叶门	2.22	
	满钢门或包铁皮门	1.63	
	钢折门	2.30	
	半玻钢板门或有亮钢板门	1.00	
	单层钢门窗带铁栅	1.94	
	钢栅栏门	1.10	
	射线防护门	2.96	
	厂库平开、推拉门	1.7	按框(扇)外围面积
	铁丝网大门	0.81	
	间壁	1.85	按面积计算
	平板屋面	0.74	斜长×宽
	瓦垄板屋面	0.89	
	排水、伸缩缝盖板	0.78	展开面积
	窗栅	1.00	

② 金属面油漆、涂料项目,其工程量按设计图示尺寸以展开面积计算,以下构件,可参考表 2-13 中相应的系数,将质量(t)折算为面积(m^2)。

表 2-13 质量折算面积参考系数表

定额项目	项目名称	系 数
其他金属	栏杆	64.98
	钢平台、钢走道	35.60
	钢楼梯、钢爬梯	44.84
	踏步式钢楼梯	39.90
	现场制作钢构件	56.60
	零星铁件	58.00

三、拓展训练

某工程楼面建筑平面如楼地面工程图 2-17 所示,设计木门采用聚酯清漆三遍,计算油漆分项直接费用。

解 木门油漆工程量 $S = 0.9 \times 2.4 \times 3 \times 1.00 \text{ m}^2 = 6.48 \text{ m}^2$

查定额 14-1,基价为 44.1716 元/m^2。

油漆直接费用:6.48×44.1716 元=286 元

任务 3 油漆、涂料、裱糊工程清单计价

一、工程量计算

本章共 8 节 4 个项目,包括门油漆,窗油漆,木扶手及其他板条、线条油漆,木材面油漆,金属面油漆,抹灰面油漆,喷刷涂料,裱糊等。

1. 门油漆(编码 011401)

1)适用范围

门油漆适用于各种类型的门,包括木门、金属门等。

2)项目特征

应描述:① 门类型;② 门代号及洞口尺寸;③ 腻子种类;④ 刮腻子遍数;⑤ 防护材料种类;⑥ 油漆品种、刷漆遍数。

3)工程内容

应包括:① 基层清理;② 刮腻子;③ 刷防护材料、油漆。

4) 工程量计算

计量单位:樘或 m^2。按设计图示数量计算或按设计图示洞口尺寸以面积计算。

2. 窗油漆(编码 011402)

1) 适用范围

窗油漆适用于各种类型的窗,包括木窗、金属窗等。

2) 项目特征

应描述:① 窗类型;② 窗代号及洞口尺寸;③ 腻子种类;④ 刮腻子遍数;⑤ 防护材料种类;⑥ 油漆品种、刷漆遍数。

3) 工程内容

同门油漆。

4) 工程量计算

计量单位:樘或 m^2。按设计图示数量计算或按设计图示洞口尺寸以面积计算。

3. 木扶手及其他板条、线条油漆(编码 011403)

木扶手及其他板条、线条油漆包括木扶手油漆,窗帘盒油漆,封檐板、顺水板油漆,挂衣板、黑板框油漆,挂镜线、窗帘棍、单独木线油漆,编码从 011403001 至 011403005。

其项目特征应描述:① 断面尺寸;② 腻子种类;③ 刮腻子遍数;④ 防护材料种类;⑤ 油漆品种、刷漆遍数。

其工程内容应包括:① 基层清理;② 刮腻子;③ 刷防护材料、油漆。

工程量计量单位:m。按设计图示尺寸以长度计算。

> **注意**:楼梯扶手工程量按中心线斜长计算,弯头长度应计算在扶手长度内。

4. 木材面油漆(编码 011404)

1) 适用范围

木材面油漆包括木板、纤维板、胶合板油漆,木护墙、木墙裙油漆,窗台板、筒子板、盖板、门窗套、踢脚线油漆,清水板条天棚、檐口油漆,木方格吊顶天棚油漆,吸音板墙面、天棚面油漆,暖气罩油漆,木间壁、木隔断油漆,玻璃间壁露明墙筋油漆,木栅栏、木栏杆油漆,衣柜、壁柜油漆,梁柱饰面油漆,零星木装修油漆,木地板油漆等,编码从 011404001 至 011404015。适用于各种木材面。

2) 项目特征

应描述:① 腻子种类;② 刮腻子遍数;③ 防护材料种类;④ 油漆品种、刷漆遍数。

3) 工程内容

应包括:① 基层清理;② 刮腻子;③ 刷防护材料、油漆。

4) 工程量计算

计量单位:m^2。计量规则如下:

(1) 木护墙、木墙裙油漆,窗台板、筒子板、盖板、门窗套、踢脚线油漆,清水板条天棚、檐口油漆,木方格吊顶天棚油漆,吸音板墙面、天棚面油漆,暖气罩油漆,其他木材面按设计图示尺寸以面积计算;

(2) 木地板烫硬蜡面按设计尺寸以面积计算,空洞、空圈、暖气包槽、壁龛的开口部分并入相应的工程量内;

(3) 木间壁、木隔断油漆,玻璃间壁露明墙筋油漆,木栅栏、木栏杆(带扶手)油漆按设计图示尺寸以单面外围面积计算;

(4) 衣柜、壁柜油漆,梁柱饰面油漆,零星木装修油漆,木地板油漆按设计图示尺寸以油漆部分展开面积计算。

5. 金属面油漆(编码 011405)

金属面油漆项目特征、工程内容同木材面油漆。

工程量计量单位:t 或 m²。按设计图示尺寸以质量计算或按设计展开面积计算。

6. 抹灰面油漆(编码 011406)

抹灰面油漆包括抹灰面油漆(编码 011406001)、抹灰线条油漆(编码 011406002)和满刮腻子(编码 011406003)。

其项目特征应描述:① 基层类型;② 线条宽度、道数;③ 腻子种类;④ 刮腻子遍数;⑤ 防护材料种类;⑥ 油漆品种、刷漆遍数。

其工程内容应包括:① 基层清理;② 刮腻子;③ 刷防护材料、油漆。

工程量计算如下:

(1) 抹灰面油漆和满刮腻子的计量单位为 m²,按设计图示尺寸以面积计算;

(2) 抹灰线条油漆的计量单位为 m,按设计图示尺寸以长度计算。

7. 喷刷、涂料(编码 0114507)

喷刷、涂料项目特征应描述:① 基层类型;② 腻子种类;③ 刮腻子要求;④ 涂料品种、喷刷遍数。

其工程内容应包括:① 基层清理;② 刮腻子;③ 刷、喷涂料。

工程量计算如下:

(1) 墙面喷刷涂料,天棚喷刷涂料,木材构件喷刷防火涂料以 m² 为计量单位,按设计图示尺寸以面积计算。

(2) 空花格、栏杆刷涂料以 m² 为计量单位,按设计图示尺寸以单面外围面积计算。

(3) 线条刷涂料以 m 为计量单位,按设计图示尺寸以长度计算。

(4) 金属构件刷防火涂料以 m² 或 t 为计量单位,按设计展开面积或以质量计算。

8. 裱糊(编码 011408)

裱糊项目包括墙纸裱糊和织锦缎裱糊。

其项目特征应描述:① 基层类型;② 裱糊部位;③ 腻子种类;④ 刮腻子遍数;⑤ 黏结材料种类;⑥ 防护材料种类;⑦ 面层材料品种、规格、颜色。

工作内容应包括：① 基层清理；② 刮腻子；③ 面层铺贴；④ 刷防护材料。

计量单位是 m^2，按设计图示尺寸以面积计算。

二、工程量清单计价

工程量清单计价时，首先应对清单项目特征的描述作仔细分析，根据设计图纸，依据《浙江省建设工程量清单指引》，并结合施工组织设计，确定本清单项目可组合的主要内容。

根据组合的内容，可按照定额的工程量计算规则计算各主要内容的工程数量，参考或套用定额相应子目，计算工程量清单项目的综合单价。

(1) 木门油漆工程量清单项目可组合的主要内容如表 2-14 所示。

表 2-14 木门油漆项目可组合的内容

项目编码	项目名称		可组合的主要内容	对应的定额子目编号
011401001	木门油漆	1	聚酯漆	14-1～14-8
		2	硝基漆	14-9～14-16
		3	调和漆、其他油漆	14-17～14-20

(2) 计价规范中的门窗油漆工程，其计量单位为樘，在清单计价时应按每樘门窗的面积定额计价，最后折算为以樘为单位的每樘门窗油漆的综合单价。

(3) 每一油漆清单项目，根据项目特征，一般均只对应一个子目，不需要进行组合计价。如木门油漆，其项目特征为单层有亮镶板门聚酯清漆三遍，即套用 14-1 号定额。

学习情境 6

其他装饰工程费

其他装饰　其他装饰工
工程费　　程清单计量

······································

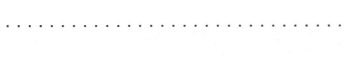

1. 知识目标

（1）掌握其他零星工程构造及施工工艺。

（2）掌握压条、装饰线条、窗帘盒、窗帘轨、窗台板、门窗套制作安装，天棚面零星项目墙、地面成品防护等项目工程量计算规则。

（3）掌握关于其他零星工程套价的规定。

2. 能力目标

（1）了解其他零星工程的工程量计算规则和方法。

（2）熟悉其他零星工程量并计价。

（3）能结合实际施工图进行其他零星工程量计算。

知识链接

招牌作为店面的重要组成部分,起着标记店名、装饰店面、吸引和招徕顾客的作用。

招牌的外观形式多种多样,按外形、体量不同,可分为平面招牌和箱体招牌;按安装方式不同,可分为附贴式、外挑、悬挂式及直立式。

招牌构造包括骨架、基层板及面板等,其具体构造要求如下。

（1）招牌的骨架有钢结构骨架(用角钢制作)、木质骨架及铝合金骨架,其材料的断面和间距可根据具体情况进行确定。钢结构骨架与墙体的固定可通过金属膨胀螺栓进行焊接来实现,同时,钢结构骨架应做好防锈处理;铝合金骨架的固定应通过金属连接件进行,金属连接件由金属膨胀螺栓固定于墙上,铝合金方管与金属连接件之间由螺栓进行固定连接;木制骨架在室外很少使用。

（2）招牌的基层板多采用胶合板及细木工板(大芯板)等,其通过螺钉或螺栓与骨架进行连接固定。在使用前,应先进行防腐处理和防火处理。

（3）招牌的面板多采用玻璃、铝塑板、铝合金板、不锈钢板及彩色钢板等,通过胶黏剂与基层板连接。在选用面层材料时,应考虑材料的耐久性及耐候性。

（4）招牌处于室外环境时,易受到雨水的侵蚀,应进行防水处理。通常的做法是在广告招牌的顶部用防水材料进行覆盖,并用密封胶或玻璃胶将周围缝隙进行密封,以保证不渗漏。

（5）在招牌的设计施工过程中,还应注意其内部电气线路设计与布置的安全性和可靠性,正确选择有关的电气设备。

任务 1 其他装饰工程构造及施工工艺

一、窗帘盒装饰装修构造

当室内悬挂窗帘时,需要用窗帘盒遮挡窗帘棍和窗帘上部的栓环。窗帘盒可以仅在窗洞上方设置,也可以沿墙面通长设置。根据窗帘盒与顶棚的位置关系可分为明窗帘盒、暗窗帘盒。

1) 明窗帘盒

窗帘盒采用 25 mm×(100～150) mm 板材三面镶成,通过铁件固定在过梁上部的墙身上;长度应为窗洞口宽加 400 mm 左右,即洞口两侧各加 200 mm 左右;窗帘盒的深度一般为 200 mm 左右。窗帘棍可采用木、铜、钢管等材料,通过角钢或钢板伸入墙内,如图 2-51 所示。

2) 暗窗帘盒

当窗帘盒与吊顶结合在一起时,可做成隐蔽式的窗帘盒,即暗窗帘盒。另外,可结合灯具形

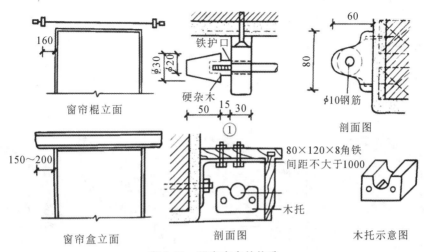

图 2-51 明窗帘盒的构造

成反光槽,如图 2-52 所示。

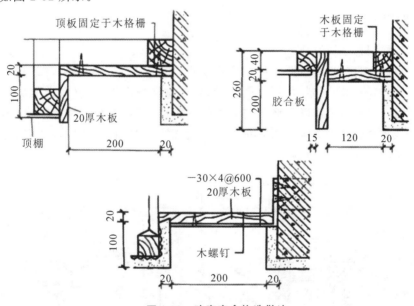

图 2-52 暗窗帘盒构造做法

二、暖气罩构造

暖气罩是我国北方地区室内遮挡暖气片的装饰构造。

1. 暖气罩的作用

防止暖气片过热碰伤人员,同时可装饰室内环境。

2. 暖气罩的设计要求

为保证暖气片的散热效率,暖气罩应有进风口和排风口,并且尺寸要足够大;暖气罩要求拆装方便,以利于维修管道和暖气片。

3. 暖气罩的形式

根据墙体、窗台和暖气片的相对位置关系,暖气罩分为窗台下、沿墙、嵌入式和独立式等设置形式,如图 2-53 所示。

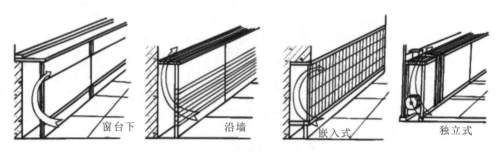

图 2-53 暖气罩的形式

4. 暖气罩的构造

暖气罩可采用木材、金属制作。

木质暖气罩可根据室内家具的特点、室内环境进行加工制作。金属暖气罩坚固耐用,适用于公共空间。钢木结构的暖气罩,可用金属做骨架,木材做饰面板,石材做台面,每个连接部位都用螺栓及金属挂片连接,可以随意调节与墙之间的距离,现场安装不用胶粘、钉固,只要定位钻孔,根据水平线将金属竖筋横撑用膨胀螺栓及普通螺栓调节固定,然后再装配立面挡板和台面,如图 2-54 所示。

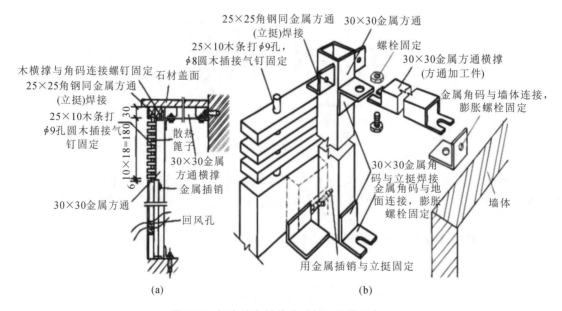

图 2-54 钢木结合拼装式暖气罩安装示意图

三、线脚构造

线脚是挂镜线、檐板线、装饰压条等装饰线的总称。

1. 挂镜线

挂镜线是在室内四周墙面、距顶棚以下 200 mm 处悬挂装饰物、艺术品、图片或其他物品的支承件。挂镜线除具有悬挂功能外,还具有装饰功能。壁纸、壁布上部的收边压条,可用挂镜线代替。挂镜线采用胀管螺钉固定在墙体上或用黏结剂直接与墙体连接。

2. 檐板线

檐板线是内墙与顶棚相交处的装饰线。檐板线可用于各类内墙面上部装饰的收口、盖缝,同时,对内墙与顶棚相交处的阴角进行装饰。檐板线有木质线脚、石膏线脚,采用粘、钉的方式进行固定。

3. 装饰压条

装饰压条是对内墙的墙裙板、踢脚板及其他装饰板的接缝进行盖缝、装饰的压条。装饰压条有木压条和金属压条,采用粘、钉的方式进行固定。

线脚的形式多种多样,装饰市场上都是出售成品。线脚的应用如图 2-55 所示。

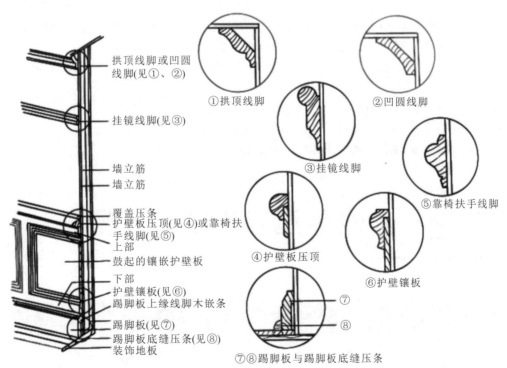

图 2-55 线脚应用示意图

四、柜台构造

柜台是指服务台、接待台、酒吧台、快餐台、收银台等固定家具,这些柜台有的具有服务性质,有的具有营业性质,有的兼有两种性质。

1. 柜台构造设计要求

(1) 商业性质的柜台满足适合陈列、美观、牢固的使用要求。
(2) 银行柜台满足保密、防盗、防抢的安全性要求。
(3) 酒吧台是西餐厅和夜总会的构成部分,应满足防火、防震、耐磨、结构稳定和实用的功能要求。

2. 柜台构造组成

柜台由骨架层、基层、面层材料组成。由于各种柜台功能要求不一样,其构造连接方式也随之不同。柜台骨架常用木骨架、钢骨架、砖砌体骨架、钢筋混凝土骨架、玻璃骨架等组合构成。

钢骨架、砖砌体骨架、钢筋混凝土骨架可作为基础骨架以保证柜台的稳定性;木结构、厚玻璃骨架可组成柜台的功能使用部分;大理石、花岗岩、防火板、胶合饰面板等可作为面层的装饰面板。

3. 不同材料骨架的连接节点构造

(1) 石板与钢骨架之间直接用金属配件连接石材板,再加云石胶及销钉固定连接,石材与木骨架之间采用单组分聚氨酯建筑密封胶或云石胶连接。
(2) 钢骨架与木结构之间采用螺钉连接,砖、钢筋混凝土骨架与木结构之间采用预埋木砖钉结。
(3) 厚玻璃骨架之间及厚玻璃与基础骨架之间采用卡件和玻璃胶连接。
(4) 不锈钢管、铜管骨架之间采用法兰盘基座和螺栓固定。
(5) 钢骨架与墙、地面的连接采用 ϕ10 mm 膨胀螺栓或预埋件焊接。

任务 2 其他零星工程定额计量与计价

一、定额使用说明

1. 台、货架类

(1) 柜类、货架以现场加工、制作为主,按常用规格编制、设计与定额不同时,应按实进行调整换算。

（2）柜台、货架项目包括五金配件（设计有特殊要求者除外），未考虑压板拼花及饰面板上贴其他材料的花饰、造型艺术品。

（3）木质柜台、货架中板材按胶合板考虑，如设计为生态板（三聚氰胺板）等其他板材时，可以换算材料。

2. 压条、装饰线

（1）压条、装饰线定额均按成品安装考虑。

（2）装饰线条（顶角装饰线除外）按直线形在墙面安装考虑。墙面安装圆弧形装饰线条，天棚面安装直线形、圆弧形装饰线条，按相应项目乘以系数执行：

① 墙面安装圆弧形装饰线条，人工乘以系数1.20，材料乘以系数1.10；

② 天棚面安装直线形装饰线条，人工乘以系数1.34；

③ 天棚面安装圆弧形装饰线条，人工乘以系数1.60，材料乘以系数1.10；

④ 装饰线条直接安装在金属龙骨上，人工乘以系数1.68。

3. 扶手、栏杆、栏板装饰

（1）扶手、栏杆、栏板项目（护窗栏杆除外）适用于楼梯、走廊、回廊及其他装饰性扶手、栏杆、栏板。

（2）扶手、栏杆、栏板项目已综合考虑扶手弯头（非整体弯头）的费用。如遇木扶手、大理石扶手为整体弯头，弯头另按本章相应项目执行。

（3）扶手、栏杆、栏板均按成品安装考虑。

4. 浴厕配件

（1）大理石洗漱台项目不包括石材磨边、倒角及开面盆洞口，另按本章相应项目执行。

（2）浴厕配件项目按成品安装考虑。

5. 雨篷、旗杆

（1）点支式、托架式雨篷的型钢、爪件的规格、数量是按常用做法考虑的，当设计要求与定额不同时，材料消耗量可以调整，人工、机械不变。托架式雨篷的斜拉杆费用另计。

（2）旗杆项目按常用做法考虑，未包括旗杆基础、旗杆台座及其饰面。

6. 招牌、灯箱

（1）一般平面广告牌是指正立面平整无凹凸面，复杂平面广告牌是指正立面有凹凸造型的，箱（竖）式广告牌是指具有多面体的广告牌。

（2）招牌、灯箱项目，当设计与定额考虑的材料品种、规格不同时，材料可以换算。

（3）广告牌基层以附墙方式考虑，当设计为独立式的，按相应项目执行，人工乘以系数1.10。

（4）招牌、灯箱项目均不包括广告牌喷绘、灯饰、灯光、店徽、其他艺术装饰及配套机械。

7. 美术字

美术字不分字体,定额均以成品安装为准,并按单个独立安装的最大外接矩形面积区分规格,执行相应项目。

8. 石材、瓷砖加工

石材瓷砖倒角、磨制圆边、开槽、开孔等项目均按现场加工考虑。

二、计算规则

1. 柜、台类

柜类工程量按各项目计量单位计算。其中以 m^2 为计量单位的项目,其工程量按正立面的高度(包括脚的高度在内)乘以宽度计算。

2. 压条、装饰线

(1) 压条、装饰线条按线条中心线长度计算。

(2) 石膏角花、灯盘按设计图示数量计算。

3. 扶手、栏杆、栏板装饰

(1) 扶手、栏杆、栏板、成品栏杆(带扶手)均按其中心线长度计算,不扣除弯头长度。如遇木扶手、大理石扶手为整体弯头时,扶手消耗量需扣除整体弯头的长度,设计不明确者,每只整体弯头按 400 mm 扣除。

(2) 单独弯头按设计图示数量计算。

4. 浴厕配件

(1) 大理石洗漱台按设计图示尺寸以展开面积计算,挡板、吊沿板面积并入其中,不扣除孔洞、挖弯、削角所占面积。

(2) 大理石台面面盆开孔按设计图示数量计算。

(3) 盥洗室台镜(带框)、盥洗室木镜箱按边框外围面积计算。

(4) 盥洗室塑料镜箱、毛巾杆、毛巾环、浴帘杆、浴缸拉手、肥皂盒、卫生纸盒、晒衣架、晾衣绳等按设计图示数量计算。

5. 雨篷、旗杆

(1) 雨篷按设计图示尺寸水平投影面积计算。

(2) 不锈钢旗杆按设计图示数量计算。

(3) 电动升降系统和风动系统按套数计算。

6. 招牌、灯箱

(1) 柱面、墙面灯箱基层，按设计图示尺寸以展开面积计算。

(2) 一般平面广告牌基层，按设计图示尺寸以正立面边框外围面积计算。复杂平面广告牌基层，按设计图示尺寸以展开面积计算。

(3) 箱（竖）式广告牌基层，按设计图示尺寸以基层外围体积计算。

(4) 广告牌面层，按设计图示尺寸以展开面积计算。

7. 美术字

美术字按设计图示数量计算。

8. 石材、瓷砖加工

(1) 石材、瓷砖倒角按块料设计倒角长度计算。

(2) 石材磨边按成型磨边长度计算。

(3) 石材开槽按块料成型开槽长度计算。

(4) 石材、瓷砖开孔按成型孔洞数量计算。

任务 3 其他零星工程清单计价

1. 柜类、货架（编码 011501）

柜类、货架的子项目有柜台、酒柜、衣柜、鞋柜、书柜、厨房壁柜、木壁柜、厨房低柜、厨房吊柜、矮柜、吧台背柜、酒吧吊柜、酒吧台、货架、服务台、展示柜、办公台等，编码从 011501001 到 011501022。

项目特征主要有：① 台柜规格；② 材料种类、规格；③ 五金种类、规格；④ 防护材料种类；⑤ 油漆品种、刷漆遍数。

工作内容：① 台柜制作、运输、安装（安放）；② 刷防护材料、油漆；③ 五金件安装。

工程计量单位是个或 m 或 m^2，计量规则是按设计图示数量以个计算或按设计图示尺寸以延长米计算或按立面投影面积以平方米计算。

2. 压条、装饰线（编码 011502）

压条、装饰线的子项目有金属装饰线、木质装饰线、石材装饰线、石膏装饰线、镜面玻璃线、铝塑装饰线、塑料装饰线、GRC 装饰线条，编码从 011502001 到 011502008。

项目特征主要有：① 基层类型；② 线条材料品种、规格、颜色；③ 线条安装部位；④ 填充材料种类；⑤ 防护材料种类。

计量单位是 m，按设计图示长度以米计算。

3. 扶手、栏杆、栏板装饰（编码 011503）

扶手、栏杆、栏板装饰的项目编码、项目特征、计量单位、计算规则、工作内容如表 2-15 所示。

表 2-15　扶手、栏杆、栏板装饰清单计量表

项目编码	项目名称	项目特征	计量单位	工程量计算规则	工作内容
011503001	金属扶手、栏杆、栏板	1. 扶手材料种类、规格； 2. 栏杆材料种类、规格； 3. 栏板材料种类、规格、颜色； 4. 固定配件种类； 5. 防护材料种类	m	按设计图示扶手中心线长度（包括弯头长度）以米计算	1. 制作； 2. 运输； 3. 安装； 4. 刷防护材料
011503002	硬木扶手、栏杆、栏板	^	^	^	^
011503003	塑料扶手、栏杆、栏板	^	^	^	^
011503005	金属靠墙扶手	1. 扶手材料种类、规格； 2. 固定配件种类； 3. 防护材料种类	^	^	^
011503006	硬木靠墙扶手	^	^	^	^
011503007	塑料靠墙扶手	^	^	^	^
011503008	玻璃栏板	1. 栏杆玻璃的种类、规格、颜色； 2. 固定方式； 3. 固定配件种类	m	按设计图示扶手中心线长度（包括弯头长度）以米计算	1. 制作； 2. 运输； 3. 安装； 4. 刷防护材料
011503009	石材栏杆、扶手	1. 栏杆的规格； 2. 安装间距； 3. 扶手类型、规格	1. m； 2. 只； 3. 个	1. 以长度计量的，按设计图示扶手中心线长度（包括弯头长度）以米计算； 2. 以数量计量的，按设计图示以只或个计算	1. 制作； 2. 运输； 3. 安装； 4. 刷防护材料

4. 浴厕配件（编码 011505）

浴厕配件工程量清单项目设置、项目特征描述的内容、计量单位及工程量计算规则，应按表 2-16 的规定执行。

表 2-16　浴厕配件清单计量表

项目编码	项目名称	项目特征	计量单位	工程量计算规则	工作内容
011505001	洗漱台	1. 材料品种、规格、颜色； 2. 支架、配件品种、规格	1. m^2； 2. 个； 3. 套	1. 以面积计量的，按设计图示尺寸的台面外接矩形面积以平方米计算，不扣除孔洞、挖弯、削角所占面积，挡板、吊沿板面积并入台面面积内； 2. 以数量计量的，按设计图示以个或套计算	1. 台面及支架运输、安装； 2. 杆、环、盒、配件安装； 3. 刷油漆

续表

项目编码	项目名称	项目特征	计量单位	工程量计算规则	工作内容
011505002	晒衣架	1. 材料品种、规格、颜色； 2. 支架、配件品种、规格	个	按设计图示以个或套或副计算	1. 台面及支架运输、安装； 2. 杆、环、盒、配件安装； 3. 刷油漆
011505003	帘子杆	^	个	^	^
011505004	浴缸拉手	^	^	^	^
011505005	卫生间扶手	^	^	^	1. 台面及支架制作、运输、安装； 2. 杆、环、盒、配件安装； 3. 刷油漆
011505006	毛巾杆(架)	^	套	^	
011505007	毛巾环	^	副	^	
011505008	卫生纸盒	^	个	^	
011505009	肥皂盒	^			
011505010	镜面玻璃	1. 镜面玻璃品种、规格； 2. 框材质、断面尺寸； 3. 基层材料种类； 4. 防护材料种类	m²	按设计图示尺寸的边框外围面积以平方米计算	1. 基层安装； 2. 玻璃及框制作、运输、安装
011505011	镜箱	1. 箱体材质、规格； 2. 玻璃品种、规格； 3. 基层材料种类； 4. 防护材料种类； 5. 油漆品种、刷漆遍数	个	按设计图示以个计算	1. 基层安装； 2. 箱体制作、运输、安装； 3. 玻璃安装； 4. 刷防护材料、油漆
011505012	小便槽	1. 砖品种、规格； 2. 砂浆强度等级； 3. 防水层做法； 4. 面层材料、品种、规格、颜色； 5. 防护材料种类	m	按设计图示长度以米计算	1. 砂浆制作、运输； 2. 砌砖； 3. 防水层铺设； 4. 面层铺设； 5. 刷防护材料； 6. 酸洗、打蜡； 7. 材料运输
011505013	厕所	1. 混凝土种类； 2. 混凝土强度等级； 3. 砖品种、规格； 4. 砂浆强度等级； 5. 找平层厚度、砂浆、配合比； 6. 防水层做法； 7. 垫层材料种类、厚度； 8. 面层材料、品种、规格、颜色； 9. 防护材料种类； 10. 隔板材料、品种、规格、颜色	1. m； 2. 间	1. 以长度计量的，按设计图示长度以米计算； 2. 以数量计量的，按设计图示以间计算	1. 模板及支架(撑)制作、安装、拆除、堆放、运输及清理模内杂物、刷隔离剂等； 2. 混凝土制作、运输、浇筑、振捣、养护； 3. 砂浆制作、运输； 4. 砌砖； 5. 抹找平层； 6. 防水层铺设； 7. 面层铺设； 8. 隔板运输、安装
011505014	淋浴间	隔板材料、品种、规格、颜色	间	按设计图示以间计算	隔板运输、安装

5. 雨篷、旗杆（编码 011506）

雨篷、旗杆工程量清单项目设置、项目特征描述的内容、计量单位及工程量计算规则，应按表 2-17 的规定执行。

表 2-17　雨篷、旗杆清单计量表

项目编码	项目名称	项目特征	计量单位	工程量计算规则	工作内容
011506001	雨篷吊挂饰面	1. 基层类型； 2. 龙骨材料种类、规格、中距； 3. 面层材料品种、规格； 4. 吊顶（天棚）材料品种、规格； 5. 嵌缝材料种类； 6. 防护材料种类	m²	按设计图示尺寸的水平投影面积以平方米计算	1. 底层抹灰； 2. 龙骨基层安装； 3. 面层安装； 4. 刷防护材料、油漆
011506002	金属旗杆	1. 旗杆材料、种类、规格； 2. 旗杆高度； 3. 基础材料种类； 4. 基座材料种类； 5. 基座面层材料、种类、规格	根	按设计图示以根计算	1. 土石挖、填、运； 2. 基础混凝土浇筑； 3. 旗杆制作、安装； 4. 旗杆台座制作、饰面
011506003	玻璃雨篷	1. 玻璃雨篷固定方式； 2. 龙骨材料种类、规格、中距； 3. 玻璃材料品种、规格； 4. 嵌缝材料种类； 5. 防护材料种类	m²	按设计图示尺寸的水平投影面积以平方米计算	1. 龙骨基层安装； 2. 面层安装； 3. 刷防护材料、油漆

6. 招牌、灯箱（编码 011507）

招牌、灯箱工程量清单项目设置、项目特征描述的内容、计量单位及工程量计算规则，应按表 2-18 的规定执行。

表 2-18 招牌、灯箱清单计量表

项目编码	项目名称	项目特征	计量单位	工程量计算规则	工作内容
011507001	平面、箱式招牌	1.箱体规格； 2.基层材料种类； 3.面层材料种类； 4.防护材料种类	m²	按设计图示尺寸的正立面边框外围面积以平方米计算。复杂的凸凹造型部分不增加面积	1.基层安装； 2.箱体及支架制作、运输、安装； 3.面层制作、安装； 4.刷防护材料、油漆
011507002	竖式标箱				
011507003	灯箱				
011507004	信报箱	1.箱体规格； 2.基层材料种类； 3.面层材料种类； 4.保护材料种类； 5.户数	个	按设计图示以个计算	

7. 美术字（编码 011508）

美术字工程量清单项目设置、项目特征描述的内容、计量单位及工程量计算规则，应按表 2-19 的规定执行。

表 2-19 美术字清单计量表

项目编码	项目名称	项目特征	计量单位	工程量计算规则	工作内容
011508001	泡沫塑料字	1.基层类型； 2.镌字材料品种、颜色； 3.字体规格； 4.固定方式； 5.油漆品种、刷漆遍数	1.个； 2.套	按设计图示以个或套计算	1.字制作、运输、安装； 2.刷油漆
011508002	有机玻璃字				
011508003	木质字				
011508004	金属字				
011508005	吸塑字				

学习情境 7

措施项目费用

2013建筑面积计算规范　措施项目费用　措施项目清单计量　建筑面积

学习目标

1. 知识目标

(1) 熟悉建筑装饰工程措施项目的组成。
(2) 掌握建筑装饰工程各措施项目的计量规则。
(3) 熟悉并掌握建筑面积计算规范。

2. 能力目标

(1) 了解建筑装饰工程措施项目的组成。
(2) 熟悉并灵活运用建筑面积计算规范进行建筑装饰工程措施项目工程量计算。

> **知识链接**
>
> 建筑面积是以平方米为计量单位反映房屋建筑规模的实物量化指标,它广泛应用于基本建设计划、统计、设计、施工和工程概预算等各个方面,在建筑工程造价管理方面起着非常重要的作用,是房屋建筑计价的主要指标之一。
>
> 根据住房和城乡建设部《关于印发〈2012年工程建设标准规范制订修订计划〉的通知》(建标〔2012〕5号)的要求,规范编制组经广泛调查研究,认真总结经验,并在广泛征求意见的基础上,修订了《建筑面积计算规范》。该规范主要包括:① 总则;② 术语;③ 计算建筑面积的规定。此规范修订的主要技术内容是:① 增加了建筑物架空层的面积计算规定,取消了深基础架空层;② 取消了有永久性顶盖的面积计算规定,增加了无围护结构有围护设施的面积计算规定;③ 修订了落地橱窗、门斗、挑廊、走廊、檐廊的面积计算规定;④ 增加了凸(飘)窗的建筑面积计算要求;⑤ 修订了围护结构不垂直于水平面而超出底板外沿的建筑物的面积计算规定;⑥ 删除了原室外楼梯强调的有永久性顶盖的面积计算要求;⑦ 修订了阳台的面积计算规定;⑧ 修订了外保温层的面积计算规定;⑨ 修订了设备层、管道层的面积计算规定;⑩ 增加了门廊的面积计算规定;⑪ 增加了有顶盖的采光井的面积计算规定。

任务 1 建筑面积计算规范

一、概述

1. 建筑面积及其相关概念

建筑面积指建筑物各层面积的总和,包括使用面积、辅助面积和结构面积。

使用面积:直接为生产、生活使用的净面积的总和,如各层教室面积的总和。

辅助面积:辅助生产或生活活动所占净面积的总和,如楼梯、走道、电梯井等(民用建筑中称为公共面积)。

使用面积与辅助面积的总和称为有效面积。

结构面积:建筑物各层平面布置中墙、柱等结构所占的面积的总和。

2. 建筑面积计算的意义

《建筑工程建筑面积计算规范》(GB/T 50353—2013)自2014年7月1日起实施,原《建筑工程建筑面积计算规范》(GB/T 50353—2005)同时废止。

建筑面积是一项重要的技术经济指标。年度竣工建筑面积的多少是衡量和评价建筑承包商的重要指标。在一定时期内,国民经济各部门完成建设工程建筑面积的多少,也标志着人民生活居住条件的改善程度。另外,只有依靠建筑面积,才能够计算出另外一个重要的技术经济指标——单方造价(元/m²)。建筑面积和单方造价是计划部门、规划部门和上级主管部门进行立项、审批、控制的重要依据。

在编制工程建设概预算时,建筑面积也是计算某些分项工程量的基础数据,能减少概预算以及编制过程中的计算工作量。如场地平整、地面抹灰、地面垫层、室内回填土、天棚抹灰等项目的工程量,均可利用建筑面积这个基数来计算。

3. 术语

1) 建筑面积 construction area

建筑物(包括墙体)所形成的楼地面面积。

2) 自然层 floor

按楼地面结构分层的楼层。

3) 结构层高 structure story height

楼面或地面结构层上表面至上部结构层上表面之间的垂直距离。

4) 围护结构 building enclosure

围合建筑空间的墙体、门、窗等。

5) 建筑空间 space

以建筑界面限定的,供人们生活和活动的场所。

6) 结构净高 structure net height

楼面或地面结构层上表面至上部结构层下表面之间的垂直距离。

7) 围护设施 enclosure facilities

为保障安全而设置的栏杆、栏板等围挡。

8) 地下室 basement

室内地平面低于室外地平面的高度超过室内净高的 1/2 的房间,如图 2-56(a)所示。

9) 半地下室 semi-basement

室内地平面低于室外地平面的高度超过室内净高的 1/3,且不超过室内净高的 1/2 的房间,如图 2-56(b)所示。

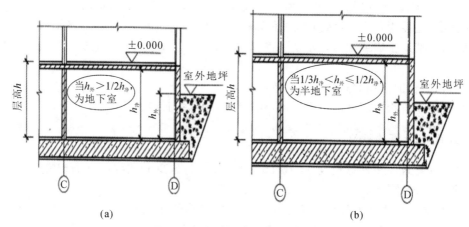

图 2-56 地下室、半地下室示意图

10)架空层 stilt floor

仅有结构支撑而无外围护结构的开敞空间层,如图 2-57 所示。

11)走廊 corridor

建筑物中的水平交通空间,如图 2-58 所示。

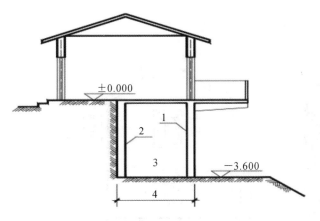

图 2-57 坡地建筑物吊脚架空层示意图

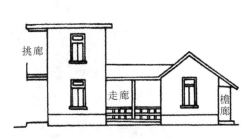

图 2-58 挑廊、走廊、檐廊示意图

12)架空走廊 elevated corridor

专门设置在建筑物的二层或二层以上,作为不同建筑物之间水平交通的空间,如图 2-59 所示。

13)结构层 structure layer

整体结构体系中承重的楼板层。

14)落地橱窗 french window

凸出外墙面且根基落地的橱窗,如图 2-60 所示。

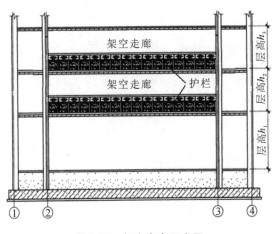

图 2-59 架空走廊示意图

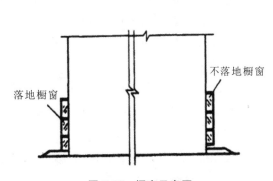

图 2-60 橱窗示意图

15)凸窗(飘窗) bay window

凸出建筑物外墙面的窗户。

16）檐廊 eaves gallery

建筑物挑檐下的水平交通空间,如图 2-58 所示。

17）挑廊 overhanging corridor

挑出建筑物外墙的水平交通空间,如图 2-58 所示。

18）门斗 air lock

建筑物入口处两道门之间的空间,如图 2-61 所示。

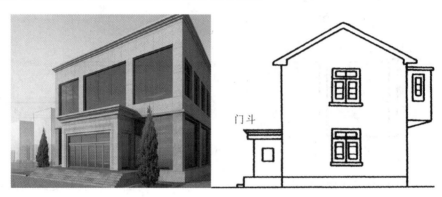

图 2-61　门斗的示意图

19）雨篷 canopy

建筑出入口上方为遮挡雨水而设置的部件。

20）门廊 porch

建筑物入口前有顶棚的半围合空间。

21）楼梯 stairs

由连续行走的梯级、休息平台和维护安全的栏杆（或栏板）、扶手以及相应的支托结构组成的作为楼层之间垂直交通使用的建筑部件。

22）阳台 balcony

附设于建筑物外墙,设有栏杆或栏板,可供人活动的室外空间。

23）主体结构 major structure

接受、承担和传递建设工程所有上部荷载,维持上部结构整体性、稳定性和安全性的有机联系的构造。

24）变形缝 deformation joint

防止建筑物在某些因素作用下引起开裂甚至破坏而预留的构造缝。

25）骑楼 overhang

建筑底层沿街面后退且留出公共人行空间的建筑物,如图 2-62 所示。

26）过街楼 overhead building

跨越道路上空并与两边建筑相连接的建筑物,如图 2-62 所示。

27）建筑物通道 passage

为穿过建筑物而设置的空间。

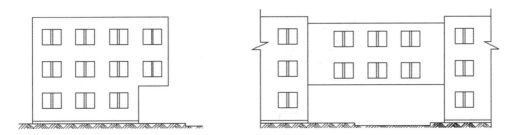

图 2-62 过街楼、骑楼示意图

28）露台 terrace

设置在屋面、首层地面或雨篷上的供人室外活动的有围护设施的平台。

29）勒脚 plinth

在房屋外墙接近地面部位设置的饰面保护构造。

30）台阶 step

联系室内外地坪或同楼层不同标高而设置的阶梯形踏步。

31）围护性幕墙 enclosing curtain wall

直接作为外墙起围护作用的幕墙，如图 2-63 所示。

32）装饰性幕墙 decorative faced curtain wall

设置在建筑物墙体外，起装饰作用的幕墙，如图 2-63 所示。

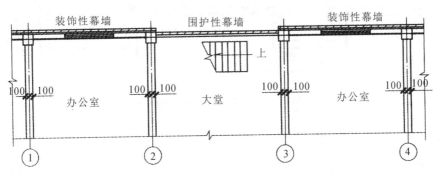

图 2-63 装饰性幕墙、围护性幕墙的示意图

二、计算建筑面积范围

（1）建筑物的建筑面积应按自然层外墙结构外围水平面积之和计算。结构层高在 2.20 m 及以上的，应计算全面积；结构层高在 2.20 m 以下的，应计算 1/2 面积。相关解释如下：

① 建筑面积计算，在主体结构内形成的建筑空间，满足计算面积结构层高要求的均应按本条规定计算建筑面积。主体结构外的室外阳台、雨篷、檐廊、室外走廊、室外楼梯等按相应条款计算建筑面积。当外墙结构本身在一个层高范围内不等厚时，以楼地面结构标高处的外围水平面积计算。

② 外墙结构外围水平面积主要强调建筑面积的计算应计算墙体结构的面积，按建筑平面图结构外轮廓尺寸计算，而不应包括墙体构造所增加的抹灰厚度、材料厚度等，如图 2-64 所示。

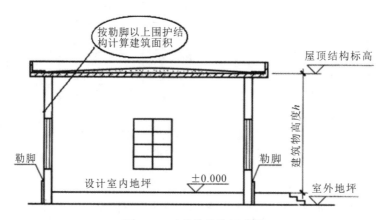

图 2-64　建筑物外墙示意图

例 2-14 如图 2-65 所示为某建筑平面和剖面示意图，试计算该建筑物的建筑面积。

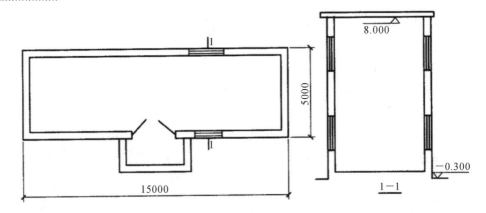

图 2-65　某建筑平面图和剖面图

解 由图可知，该建筑物结构层高在 2.2 m 以上，则其建筑面积 $S = 15 \times 5 \text{ m}^2 = 75 \text{ m}^2$。

例 2-15 如图 2-66 所示为某建筑平面和剖面示意图，计算该建筑物的建筑面积。

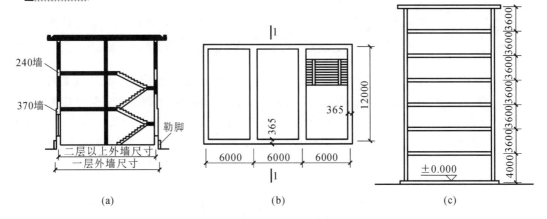

(a)　　　　　　　　(b)　　　　　　　　(c)

图 2-66　某建筑物平面图和剖面图

解 因为各层墙体厚度不同,则建筑面积分别计算:
$S=(18+0.365)(12+0.365) \text{ m}^2+(18+0.24)(12+0.24)\times 6 \text{ m}^2=1566.63 \text{ m}^2$

(2) 建筑物内设有局部楼层时(见图 2-67),对于局部楼层的二层及以上楼层,有围护结构的应按其围护结构外围水平面积计算,无围护结构的应按其结构底板水平面积计算,结构层高在 2.20 m 及以上的,应计算全面积,结构层高在 2.20 m 以下的,应计算 1/2 面积。

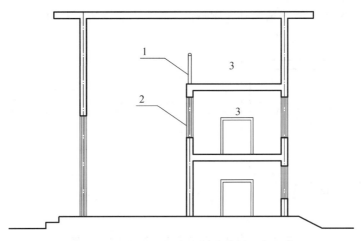

图 2-67 某单层建筑物设有局部楼层的示意图
1—围护设施;2—围护结构;3—局部楼层

例 2-16 如图 2-68 所示,试计算该建筑物的建筑面积。

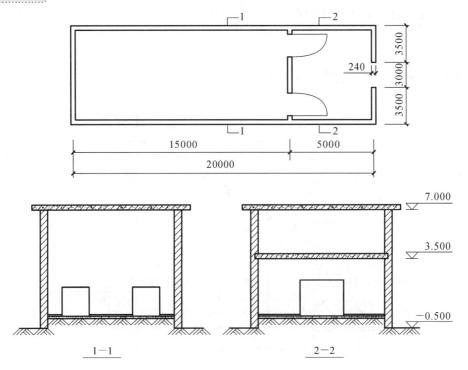

图 2-68 楼中有局部楼层的建筑物示意图

解 $S_{底}=(20.00+0.24)\times(10+0.24)$ m² $=207.26$ m²

$S_{楼层}=(5.00+0.24)\times(10+0.24)$ m² $=53.66$ m²

(3) 对于形成建筑空间的坡屋顶,结构净高在 2.10m 及以上的部位应计算全面积;结构净高在 1.20 m 及以上至 2.10 m 以下的部位应计算 1/2 面积;结构净高在 1.20 m 以下的部位不应计算建筑面积。

例 2-17 如图 2-69 所示为某建筑物坡屋顶平面和剖面示意图,计算该建筑物坡屋顶的建筑面积。

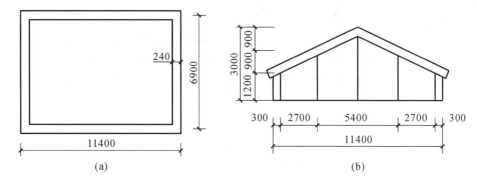

图 2-69 某建筑物坡屋顶平面和剖面示意图

解 由图可知,有部分坡屋顶结构净高在 2.1 m 以上,则其建筑面积

$S=5.4\times(6.9+0.24)$ m² $+(2.7+0.3)\times(6.9+0.24)\times0.5\times2$ m² $=59.98$ m²

(4) 对于场馆看台下的建筑空间,如图 2-70 所示,结构净高在 2.10 m 及以上的部位应计算全面积;结构净高在 1.20 m 及以上至 2.10 m 以下的部位应计算 1/2 面积;结构净高在 1.20 m 以下的部位不应计算建筑面积。室内单独设置的有围护设施的悬挑看台,应按看台结构底板水平投影面积计算建筑面积。有顶盖无围护结构的场馆看台应按其顶盖水平投影面积的 1/2 计算面积。

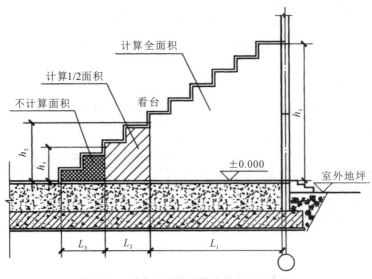

图 2-70 看台下空间计算建筑面积示意图

解释 有顶盖无围护结构的场馆看台中所称的"场馆"为专业术语,指各种"场"类建筑,如体育场、足球场、网球场、带看台的风雨操场等。

(5) 地下室、半地下室应按其结构外围水平面积计算。结构层高在 2.20 m 及以上的,应计算全面积;结构层高在 2.20 m 以下的,应计算 1/2 面积。

解释 计算建筑面积时,不应包括由于构造需要所增加的面积,如无顶盖采光井、立面防潮层、保护墙等厚度所增加的面积,如图 2-71 所示。

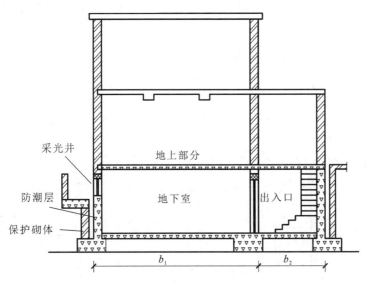

图 2-71 有地下室的建筑物示意图

(6) 出入口外墙外侧坡道有顶盖的部位,应按其外墙结构外围水平面积的 1/2 计算面积。

解释 出入口坡道分有顶盖出入口坡道和无顶盖出入口坡道,如图 2-72 所示,出入口坡道顶盖的挑出长度,为顶盖结构外边线至外墙结构外边线的长度;顶盖以设计图纸为准,对后增加及建设单位自行增加的顶盖等,不计算建筑面积。顶盖不分材料种类(如钢筋混凝土顶盖、彩钢板顶盖、阳光板顶盖等)。

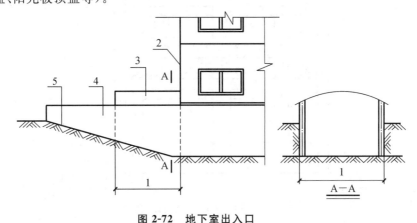

图 2-72 地下室出入口

1—计算 1/2 投影面积部分;2—主体建筑;3—出入口顶盖;4—封闭出入口侧墙;5—出入口坡道

（7）建筑物架空层及坡地建筑物吊脚架空层，应按其顶板水平投影计算建筑面积。结构层高在 2.20 m 及以上的，应计算全面积；结构层高在 2.20 m 以下的，应计算 1/2 面积。

解释 本条既适用于建筑物吊脚架空层、深基础架空层的建筑面积计算，也适用于目前部分住宅、学校教学楼等工程在底层架空或在二楼以上某个甚至多个楼层架空，作为公共活动、停车、绿化等空间的建筑面积计算。架空层中有围护结构的建筑空间按相关规定计算。

（8）建筑物的门厅、大厅应按一层计算建筑面积，门厅、大厅内设置的走廊应按走廊结构底板水平投影面积计算建筑面积。结构层高在 2.20 m 及以上的，应计算全面积；结构层高在 2.20 m 以下的，应计算 1/2 面积。

例 2-18 如图 2-73 所示，求大厅、回廊建筑面积。

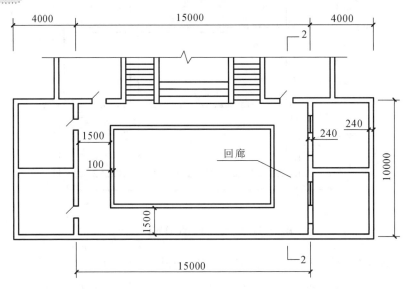

二层平面示意图

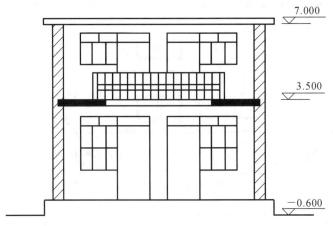

图 2-73 大厅、回廊的示意图

解 $S_{大厅} = (15-0.24)(10-0.24) \text{ m}^2 = 144.06 \text{ m}^2$

$$S_{回廊}=(15-0.24)(10-0.24)\text{ m}^2-(15-0.24-1.6\times2)(10-0.24-1.6\times2)\text{ m}^2$$
$$=68.22\text{ m}^2$$

或 $S_{回廊}=(15-0.24)\times1.6\times2\text{ m}^2+(10-0.24-1.6\times2)\times1.6\times2\text{ m}^2=68.22\text{ m}^2$

(9) 对于建筑物间的架空走廊,有顶盖和围护设施的,应按其围护结构外围水平面积计算全面积;无围护结构、有围护设施的,应按其结构底板水平投影面积计算1/2面积。

例 2-19 试求如图 2-74 所示的架空走廊的建筑面积。

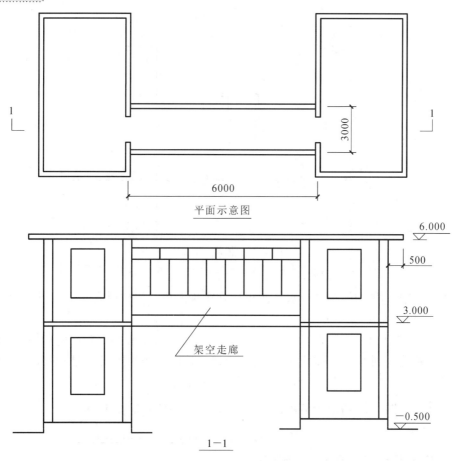

图 2-74 架空走廊的示意图

解 架空走廊的建筑面积 $S=(6-0.24)\times(3+0.24)\text{ m}^2=18.66\text{ m}^2$

(10) 对于立体书库、立体仓库、立体车库,有围护结构的,应按其围护结构外围水平面积计算建筑面积;无围护结构、有围护设施的,应按其结构底板水平投影面积计算建筑面积。无结构层的应按一层计算,有结构层的应按其结构层面积分别计算。结构层高在 2.20 m 及以上的,应计算全面积;结构层高在 2.20 m 以下的,应计算 1/2 面积。

解释 起局部分隔、储存等作用的书架层、货架层以及可升降的立体钢结构停车层均不属于结构层,故该部分分层不计算建筑面积。

(11) 有围护结构的舞台灯光控制室,应按其围护结构外围水平面积计算。结构层高在 2.20 m 及以上的,应计算全面积;结构层高在 2.20 m 以下的,应计算 1/2 面积。

(12) 附属在建筑物外墙的落地橱窗,应按其围护结构外围水平面积计算。结构层高在 2.20 m 及以上的,应计算全面积;结构层高在 2.20 m 以下的,应计算 1/2 面积。

(13) 窗台与室内楼地面高差在 0.45 m 以下且结构净高在 2.10 m 及以上的凸(飘)窗,应按其围护结构外围水平面积计算 1/2 面积。

(14) 有围护设施的室外走廊(挑廊),应按其结构底板水平投影面积计算 1/2 面积;有围护设施(或柱)的檐廊,如图 2-75 所示,应按其围护设施(或柱)外围水平面积计算 1/2 面积。

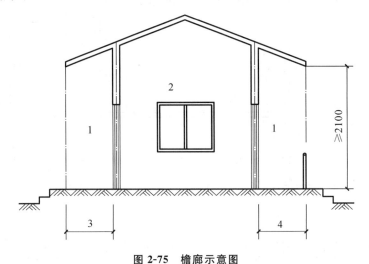

图 2-75 檐廊示意图
1—檐廊;2—室内;3—不计算建筑面积部位;4—计算 1/2 建筑面积部位

(15) 门斗应按其围护结构外围水平面积计算建筑面积。结构层高在 2.20 m 及以上的,应计算全面积;结构层高在 2.20 m 以下的,应计算 1/2 面积。

(16) 门廊应按其顶板水平投影面积的 1/2 计算建筑面积;有柱雨篷应按其结构板水平投影面积的 1/2 计算建筑面积;无柱雨篷的结构外边线至外墙结构外边线的宽度在 2.10 m 及以上的,应按雨篷结构板的水平投影面积的 1/2 计算建筑面积。

例 2-20 图 2-76 所示为某雨篷示意图,求该雨篷的建筑面积。

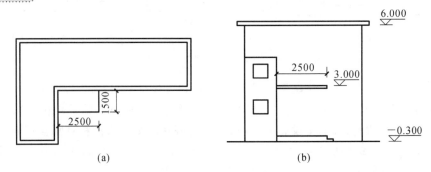

图 2-76 某雨篷示意图

解 由图可知,该雨篷为无柱雨篷,雨篷外边线至外墙边线的宽度超过 2.10 m,则雨篷的建筑面积

$$S = 2.5 \times 1.5 \times 0.5 \ m^2 = 1.88 \ m^2$$

(17) 设在建筑物顶部的、有围护结构的楼梯间、水箱间、电梯机房等,结构层高在 2.20 m 及以上的应计算全面积;结构层高在 2.20 m 以下的,应计算 1/2 面积。

例 2-21 如图 2-77 所示,试求门斗和水箱间的建筑面积。

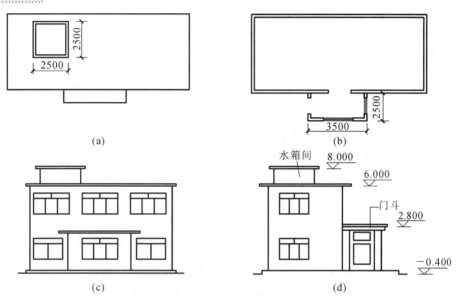

图 2-77 门斗和水箱间的示意图

解 由图可知,门斗高 2.80 m,水箱间高 2.00 m。

门斗的建筑面积 $S=3.5\times2.5\ \mathrm{m}^2=8.75\ \mathrm{m}^2$

水箱间的建筑面积 $S=2.5\times2.5\times0.5\ \mathrm{m}^2=3.13\ \mathrm{m}^2$

(18) 围护结构不垂直于水平面的楼层,如图 2-78 所示,应按其底板面的外墙外围水平面积计算。结构净高在 2.10 m 及以上的部位,应计算全面积;结构净高在 1.20 m 及以上至 2.10 m 以下的部位,应计算 1/2 面积;结构净高在 1.20 m 以下的部位,不应计算建筑面积。

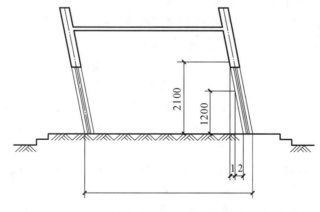

图 2-78 斜围护结构示意图
1—计算 1/2 建筑面积部位;2—不计算建筑面积部位

(19) 建筑物的室内楼梯、电梯井、提物井、管道井、通风排气竖井、烟道,应并入建筑物的自然层计算建筑面积。有顶盖的采光井应按一层计算面积,结构净高在 2.10 m 及以上的,应计算全面积;结构净高在 2.10 m 以下的,应计算 1/2 面积。

(20) 室外楼梯应并入所依附建筑物自然层,并应按其水平投影面积的 1/2 计算建筑面积。

(21) 在主体结构内的阳台,应按其结构外围水平面积计算全面积;在主体结构外的阳台,应按其结构底板水平投影面积计算 1/2 面积。

建筑物的阳台,不论其形式如何,均以建筑物主体结构为界分别计算建筑面积。

(22) 有顶盖无围护结构的车棚、货棚、站台、加油站、收费站等,应按其顶盖水平投影面积的 1/2 计算建筑面积,如图 2-79 所示。

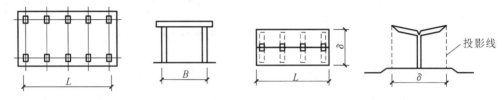

图 2-79　车棚、货棚、加油站等示意图

(23) 以幕墙作为围护结构的建筑物,应按幕墙外边线计算建筑面积。

(24) 建筑物的外墙外保温层,应按其保温材料的水平截面积计算,并计入自然层建筑面积。

(25) 与室内相通的变形缝,应按其自然层合并在建筑物建筑面积内计算。对于高低联跨的建筑物,当高低跨内部连通时,其变形缝应计算在低跨面积内。

(26) 对于建筑物内的设备层、管道层、避难层等有结构层的楼层,结构层高在 2.20 m 及以上的,应计算全面积;结构层高在 2.20 m 以下的,应计算 1/2 面积。

三、不计算建筑面积范围

(1) 与建筑物内不相连通的建筑部件;

(2) 骑楼、过街楼底层的开放公共空间和建筑物通道;

(3) 舞台及后台悬挂幕布和布景的天桥、挑台等;

(4) 露台、露天游泳池、花架、屋顶的水箱及装饰性结构构件;

(5) 建筑物内的操作平台、上料平台、安装箱和罐体的平台;

(6) 勒脚、附墙柱、垛、台阶、墙面抹灰、装饰面、镶贴块料面层、装饰性幕墙,主体结构外的空调室外机搁板(箱)、构件、配件,挑出宽度在 2.10 m 以下的无柱雨篷和顶盖高度达到或超过两个楼层的无柱雨篷;

(7) 窗台与室内地面高差在 0.45 m 以下且结构净高在 2.10 m 以下的凸(飘)窗,窗台与室内地面高差在 0.45 m 及以上的凸(飘)窗;

(8) 室外爬梯、室外专用消防钢楼梯;

(9) 无围护结构的观光电梯;

(10) 建筑物以外的地下人防通道,独立的烟囱、烟道、地沟、油(水)罐、气柜、水塔、贮油(水)池、贮仓、栈桥等构筑物。

任务 2 措施项目费用确定

一、基础知识

1. 脚手架

脚手架是为建筑施工而搭设的上料、堆料与施工作业用的临时结构架,有单排脚手架、双排脚手架、结构脚手架、装修脚手架等。

2. 阻燃密目安全网

阻燃密目安全网是用来防止人、物坠落,或用来避免、减轻坠落及物击伤害,有阻燃功能的网具。安全网一般由网体、边绳、系绳等构件组成。

二、定额计价

(一)定额说明

1. 综合脚手架

(1)适用条件:适用于房屋工程及地下室脚手架,不适用于房屋加层、构筑物及附属工程脚手架,以上可套用单项脚手架相应定额。

(2)综合脚手架定额除另有说明外,层高以 6 m 以内为准,层高超过 6 m,另按每增加 1 m 以内定额计算;檐高 30 m 以上的房屋,层高超过 6 m 时,按檐高 30 m 以内每增加 1 m 定额执行。

(3)综合脚手架定额已包括的内容:

① 内、外墙砌筑脚手架,外墙饰面脚手架;

② 斜道和上料平台;

③ 高度在 3.6 m 以内的内墙及天棚装饰脚手架;

④ 基础深度(自设计室外地坪起)2 m 以内的脚手架;

⑤ 地下室脚手架定额已综合了基础脚手架。

(4)综合脚手架定额未包括内容:

① 高度在 3.6 m 以上的内墙和天棚饰面或吊顶安装脚手架;

② 内墙和天棚饰面或吊顶安装脚手架;

③ 深度超过 2 m(自交付施工场地标高或设计室外地坪起)的无地下室基础采用非泵送混凝土时的脚手架;

④ 电梯安装井道脚手架；
⑤ 人行过道防护脚手架；
⑥ 网架安装脚手架。

以上项目发生时，按单项脚手架规定另列项目计算。

2. 单项脚手架

定额说明：① 适用于房屋加层脚手架、构筑物及附属工程脚手架；② 包括外墙脚手架、内墙脚手架、满堂脚手架，还包括井脚手架、砖柱脚手架、网架脚手架、斜道、上料平台及防护脚手架。

1) 满堂脚手架

满堂脚手架适用于天棚安装，高度在 3.6 m 以上至 5.2 m 以内的天棚抹灰或安装按满堂脚手架基本层计算，高度在 5.2 m 以上的，另按增加层定额计算，如仅勾缝、刷浆时，按满堂脚手架定额，人工乘以系数 0.40，材料乘以系数 0.10。满堂脚手架在同一操作地点进行多种操作时（不另行搭设），只能计算一次脚手架费用。

注意：满堂脚手架的搭设高度大于 8 m 时，参照本定额第五章"混凝土及钢筋混凝土工程"超危支撑架相应定额乘以系数 0.20 计算。

例 2-22 某房内墙抹灰，层高 5.6 m，因不能利用先期搭设的满堂脚手架，需要重新搭设并进行装饰工作，求该项目单价。

解 该项目因不能利用先期搭设的满堂脚手架，按照定额说明，该项可以套取内墙脚手架，查定额编号 18-45，基价为 5.9961 元/m²。其中，定额人工费为 4.5387 元/m²，材料费为 1.2654 元/m²。

换算后基价 = [5.9961 + 4.5387 × (0.60 − 1) + 1.2654 × (0.30 − 1)] 元/m²
= 3.29 元/m²

2) 砌筑脚手架

外墙脚手架按不同高度分为 7 m、13 m、20 m、30 m、40 m、50 m 以内六档，以及悬挑式和整体式附着升降脚手架；内墙脚手架按高度分为 3.6 m 以内和 3.6 m 以上两档。

(1) 外墙外侧饰面应利用外墙砌筑脚手架，若不能利用须另行搭设时，按外墙脚手架定额，人工乘以系数 0.80，材料乘以系数 0.30；如仅勾缝、刷浆或油漆时，人工乘以系数 0.4，材料乘以系数 0.1。

(2) 高度在 3.6 m 以上的墙、柱饰面或相应油漆涂料脚手架，如不能利用满堂脚手架，须另行搭设时，按内墙脚手架定额，人工乘以系数 0.60，材料乘以系数 0.30；如仅勾缝、刷浆或油漆时，人工乘以系数 0.40，材料乘以系数 0.10。

3) 围墙脚手架

围墙高度在 2 m 以上者，套用内墙脚手架定额。如另一面需装饰时，脚手架另套用内墙脚手架定额并对人工乘以系数 0.8，材料乘以系数 0.30。

4) 防护脚手架

定额按双层考虑，基本使用期为六个月，不足或超过六个月按相应定额调整，不足一个月按一个月计算。

5）吊篮

吊篮定额适用于外立面装饰用脚手架。吊篮安装、拆除以套为单位计算，使用以套·天计算，挪移费按吊篮安拆定额扣除载重汽车台班后乘以系数 0.70 计算。

（二）计量规则

1. 综合脚手架

工程量计算：按房屋建筑面积加增加面积计算，计量单位为 m^2。

其中增加面积及注意事项：

① 骑楼、过街楼底层的开放公共空间和建筑物通道，结构层高在 2.2 m 及以上者按墙（柱）外围水平面积计算，层高不足 2.2 m 者计算 1/2 面积；

② 建筑物屋顶上或楼层外围的混凝土构架，高度在 2.2m 及以上者按构架外围水平投影面积的 1/2 计算；

③ 凸（飘）窗按其围护结构外围水平面积计算，扣除已计入《建筑工程建筑面积计算规范 GB/T 50353—2013》第 3.0.13 条的面积；

④ 建筑物门廊按其混凝土结构顶板水平投影面积计算，扣除已计入《建筑工程建筑面积计算规范 GB/T 50353—2013》第 3.0.16 条的面积；

⑤ 建筑物阳台均按其结构底板水平投影面积计算，扣除已计入《建筑工程建筑面积计算规范 GB/T 50353—2013》第 3.0.21 条的面积；

⑥ 建筑物外与阳台相连有围护设施的设备平台，按结构底板水平投影面积计算；

⑦ 建筑面积的工程量是按房屋建筑面积（《建筑工程建筑面积计算规范》GB/T 50353—2013）计算的，有地下室时，地下室与上部建筑面积分别计算，套用相应定额，半地下室并入上部建筑物计算。

2. 单项脚手架

（1）满堂脚手架工程量计算：按天棚水平投影面积计算，工作面高度为房屋层高；斜天棚（屋面）按平均高度计算；局部高度超过 3.6m 的天棚，按超过的面积计算。

（2）砌筑脚手架工程量计算：计量单位为 m^2。

砌筑脚手架工程量按内、外墙面积计算（不扣除门窗洞口、空洞等面积）。

外墙脚手架工程量＝外墙面积×1.15；

内墙脚手架工程量＝内墙面积×1.1

式中内外墙面积不扣除门窗洞口、空洞等面积。

（3）围墙脚手架工程量计算：计量单位为 m^2。

围墙脚手架工程量＝围墙高度×围墙中心线（洞口面积不扣，砖垛（柱）也不折加长度）式中围墙自设计室外地坪算至围墙顶。

（4）防护脚手架工程量计算：按水平投影面积计算。

三、计算示例

1. 某工程如图 2-80 所示，每层建筑面积 800 m^2，天棚面积 720 m^2，楼板厚 100 mm。

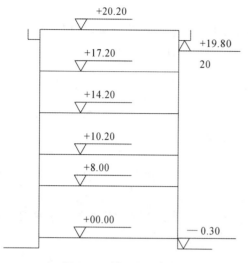

图 2-80 某工程示意图

求:(1)综合脚手架费用;
(2)天棚抹灰脚手架费用。

解 (1)综合脚手架费用。

底层层高 $H=8$ m>6 m,工程量 $S_1=800$ m²。

二至五层层高 $H<6$ m,按墙外围水平面积计算脚手架工程量 $S_2=800×4$ m²$=3200$ m²

沿高 $H=(19.8+0.3)$ m$=20.1$ m>20 m,套 30 m 以内定额。

底层:定额编号 18-7+8×2。

基价$=(28.4115+2.53×2)$元/m²
$=33.47$ 元/m²

二至五层:定额编号 18-7,基价为 28.4115 元/m²。

综合脚手架费用$=(800×33.47+3200×28.4115)$元$=117\,692.8$ 元

(2)天棚抹灰脚手架费用。

底层高度为 8 m,第三层高度为 4 m,有两层高度大于 3.6 m,其中底层 8 m>5.2 m,第三层 3.6 m<3.9 m<5.2 m,则:

底层定额套用 18-47+48×3,单价$=(9.8736+1.98×3)$元/m²$=15.81$ 元/m²

第三层定额套用 18-47,基价为 9.8736 元/m²

天棚抹灰脚手架费用$=(15.81×720+9.8736×720)$元$=18\,492.2$ 元

2.某单层高低跨工业厂房,如图 2-81 所示,高跨居中,高跨沿高 21 m,层高 20.6 m;低跨沿高 15 m,层高 14.6 m,屋面采用大型屋面板勾缝刷面,屋面板厚 12 cm,柱 600 mm×400 mm,墙厚 240 mm。试计算综合脚手架费用。

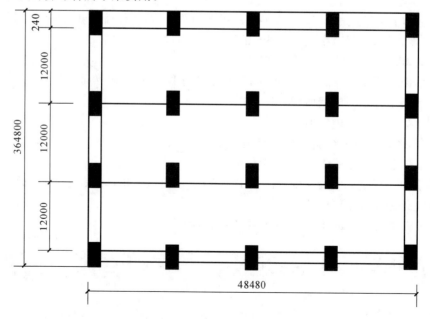

图 2-81 某单层高低跨工业厂房

解 综合脚手架费用：

① 高跨 $S_{建}=48.48\times(12+0.3\times2)\mathrm{m}^2=610.85\ \mathrm{m}^2$

套定额 18-7+8×15，单价为：$(28.4115+2.53\times15)$ 元/m² = 66.36 元/m²

高跨综合脚手架费用 = 610.85×66.36 元 = 40536.01 元

② 低跨 $S_{建}=48.48\times(12-0.3+0.24)\times2\ \mathrm{m}^2=1157.70\ \mathrm{m}^2$

套定额 18-5+6×9，单价为：$(22.5520+2.2427\times9)$ 元/m² = 42.74 元/m²

低跨综合脚手架费用 = 1157.70×42.74 元 = 49480.10 元

思考与习题

1. 找出块料楼地面面层的计量规则在定额计价与清单计价两种模式中的差异。
2. 楼梯装饰计量规则包括哪些部位？
3. 块料装饰的台阶工程量的计算规则是什么？
4. 什么是墙裙？
5. 抹灰墙面算工程量时，抹灰高度如何确定？
6. 同房间的抹灰墙面计量规则与块料墙面的区别是什么？
7. 吊顶天棚在定额计价模式下需要列哪些项目？
8. 常见的门窗工程的计量单位有哪些？
9. 木结构中木材断面的毛料与净料的区别是什么？
10. 结构层高是什么？
11. 试述不计算建筑面积的范围。
12. 分别列出建筑面积计算一半和不计的项目。
13. 综合脚手架综合了哪些内容？未包括哪些内容？
14. 综合脚手架的工程量如何计算？
15. 某工程底层平面如图 2-82 所示，室内地面垫层采用 100 mm 厚 C10 素混凝土，30 mm 细石混凝面层，求垫层和面层的定额工程量。
16. 某商业楼工程如图 2-83 所示。一层为商店，二层、三层为办公室。一层地面做法：3∶7 灰土垫层 300 mm 厚，碎石垫层 150 mm 厚（M2.5 水泥砂浆灌浆），C10 混凝土垫层 40 mm 厚，水泥砂浆抹面；二层、三层楼面做法：预制混凝土空心板（C20 细石混凝土垫层 40 mm 厚）已在楼板制作定额中综合考虑，20 厚水泥砂浆找平层，地砖面层（20 厚水泥砂浆结合层）地砖踢脚线高 150 mm，求该工程楼地面工程量。
17. 求图 2-84 所示台阶（台阶高为 300 mm）镶贴大理石地面面层工程量。

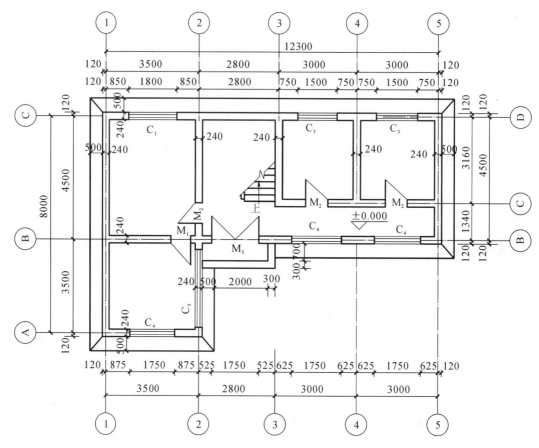

图 2-82 某工程底层平面示意图

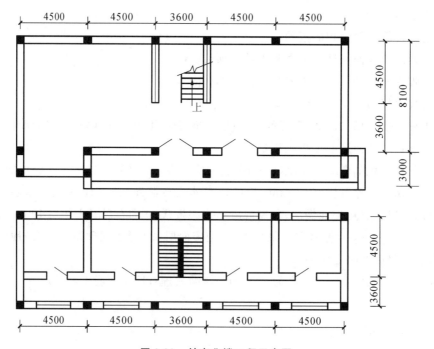

图 2-83 某商业楼工程示意图

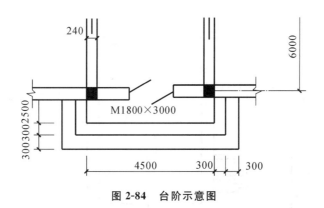

图 2-84　台阶示意图

18. 求图 2-85 所示雨篷抹水泥砂浆工程量(做法:挑檐内侧及雨篷顶与底部均抹 20 mm 厚的 1∶2.5 水泥砂浆,挑檐外侧是水刷石;挑檐宽度为 80 mm,高度为 200 mm,雨篷板厚 100 mm)。

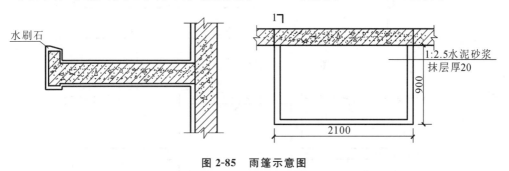

图 2-85　雨篷示意图

19. 求图 2-86 所示正面水刷白石子挑檐天沟(95 m 长)工程量。

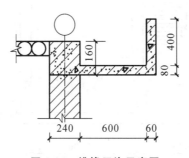

图 2-86　挑檐天沟示意图

20. 如图 2-87 和图 2-88 所示两层楼的建筑物,室外地坪标高为－0.30 m,屋面板顶标高 6 m,外墙上均有女儿墙,高 600 mm,楼梯井宽 400 mm,预制楼板厚度为 120 mm,内墙面为石灰砂浆抹面,外墙面及女儿墙均为混合砂浆抹面,居室内墙做水泥踢脚线。试求以下工程量:(1) 内墙石灰砂浆抹面;(2) 外墙混合砂浆抹面;(3) 水泥踢脚线。(M-1:900 mm×2100 mm,M-2:1800 mm×2100 mm,C-1:1800 mm×1800 mm)

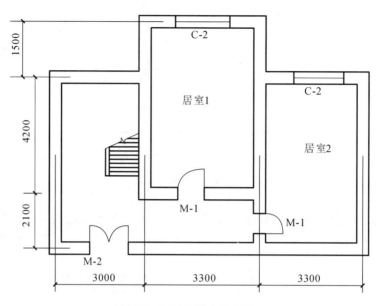

图 2-87 两层建筑物示意图一

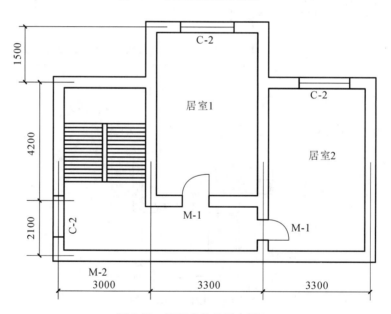

图 2-88 两层建筑物示意图二

21.某工程如图 2-89 所示,室内墙面抹 1∶2 水泥砂浆底,1∶3 石灰砂浆找平层,麻刀石灰砂浆面层,共 20 mm 厚。室内墙裙(高 1800 mm)采用 1∶3 水泥砂浆打底(19 mm 厚),1∶2.5 水泥砂浆面层(6 mm 厚),求室内墙面一般抹灰和室内墙裙工程量。(M-1:1000 mm×2700 mm 共 3 个,C-1:1500 mm×1800 mm 共 4 个,窗台高 900 mm)

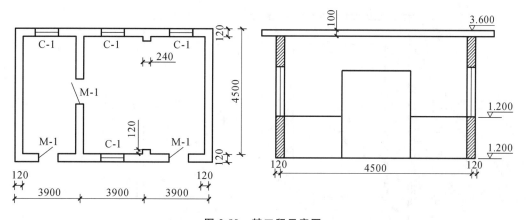

图 2-89 某工程示意图

22.某建筑物钢筋混凝土柱 16 根,构造如图 2-90 所示,若柱面抹水泥砂浆,1∶3 底层,1∶2.5 面层,厚度均为 12 mm+8 mm,求其工程量。

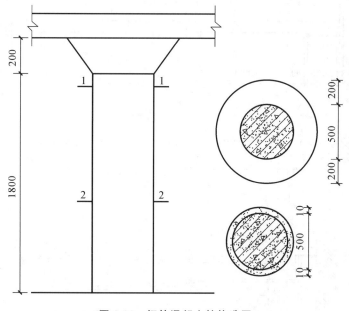

图 2-90 钢筋混凝土柱构造图

23.图 2-91 所示为某单位员工休息室吊顶平面布置图,求吊顶工程量。

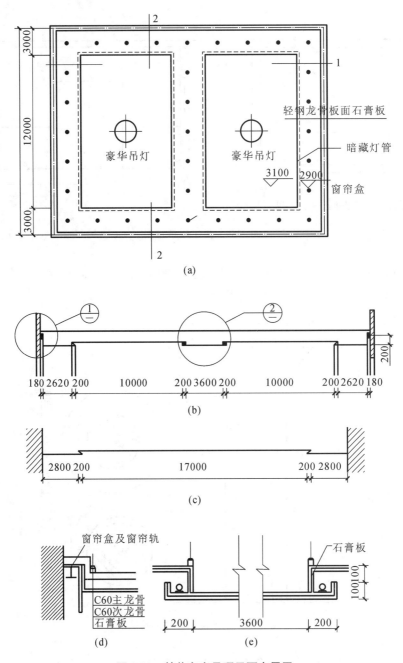

图 2-91 某休息室吊顶平面布置图

24. 某单层建筑物外墙轴线尺寸如图 2-92 所示,墙厚均为 240 mm,轴线坐中,试计算建筑面积。

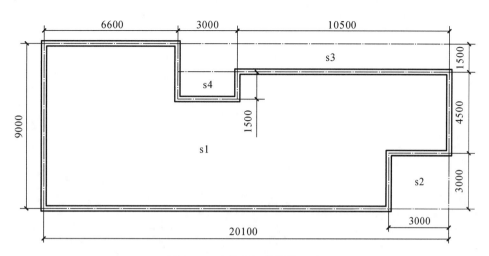

图 2-92 建筑物外墙轴线尺寸

25. 某五层建筑物的各层建筑面积一样,底层外墙尺寸如图 2-93 所示,墙厚均为 240 mm,试计算建筑面积。(轴线坐中)

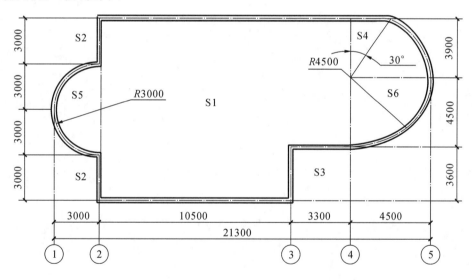

图 2-93 某五层建筑物底层外墙尺寸

模块 3 建筑装饰工程计量与计价案例

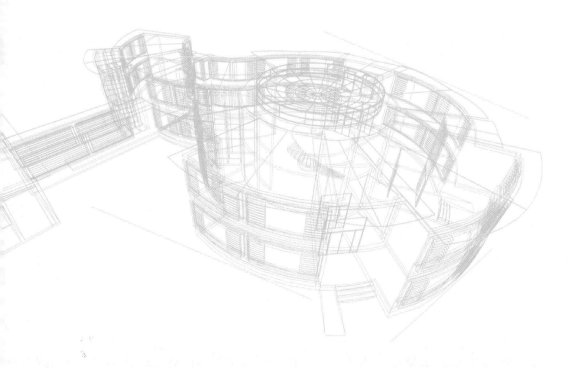

措施项目清单综合单价计算表　　工程量清单综合单价计算表　　施工组织措施项目清单与计价表　　主要材料价格表　　社区卫生服务站图纸

学习目标

1. 知识目标

(1) 掌握建筑装饰工程招标控制价的概念和编制原理。
(2) 掌握清单计价模式下的招标控制价的内容。

2. 能力目标

(1) 了解清单计价模式下的招标控制价的组成。
(2) 熟悉建筑装饰工程招标控制价的编制。

知识链接

在我国工程建设中引入工程招标投标竞争机制已有多年,由于推行招标投标竞争制,我国的建筑市场发生了根本性的转变,即由原来的卖方市场变为现在的买方市场。从而业主能择优选择施工单位,达到了缩短工期、降低成本、保证质量、最大限度地发挥投资效益的目的。在建设工程招投标活动中,招标控制价的编制是工程招标中重要的环节之一,是评标、定标的重要依据,且工作时间紧,是一项比较繁重的工作。招标控制价的编制一般由招标单位委托由建设行政主管部门批准具有建设工程相应造价资质的中介机构代理编制,招标控制价应客观、公正地反映建设工程的预期价格,是招标单位掌握工程造价的重要依据,招标控制价在招标过程中显示着重要的作用。因此,招标控制价编制的合理性、准确性直接影响工程造价。

任务 1 招标控制价理论知识

一、概述

1. 招标控制价的概念

招标控制价是指招标人根据国家或省级、行业建设主管部门颁发的有关计价依据和办法,以及拟定的招标文件中的工程量清单项目特征描述及有关要求等内容,并依据清单规范规定的有关计价依据和办法,对招标工程限定的最高工程造价。因此,招标控制价也叫拦标价或最高报价。

国有资金投资的工程建设项目应实行工程量清单招标,招标人应编制招标控制价。

投标人的投标报价高于招标控制价的,其投标应予以拒绝。

2. 释义

招标控制价亦称拦标价或预算控制价,是招标人根据工程量清单计价规范计算的招标工程的工程造价,是国家或业主对招标工程发包的最高投标限价。

招标控制价的作用决定了它不同于"标底",无须保密。为体现招标的公开、公正,防止招标人有意抬高或压低工程造价,招标控制价应在招标时公布,不应上调或下浮,并应将招标控制价及有关资料报送工程所在地的工程造价管理机构备查。

3. 招标控制价设置的注意事项

(1)计算口径要一致。计算工程量时,根据施工图列出的分项工程计算口径与定额中相应分项工程的计算口径要一致。

(2)识读图纸要准确。在正式计算工程量之前,必须反复识读施工图纸,熟悉施工图中的细部构造、文字说明及标准图中的详细内容。

(3)严格执行、准确理解工程量计算规范。计算工程量时,对计算规范中的规则要准确理解、反复推敲、严格执行。

(4)计算必须准确。计算工程量时,计算底稿要整洁,计算数据要清晰,项目部位要注明,计算精度要一致。工程量的数据一般精确到小数点后两位,第三位四舍五入,贵重或价格较高的材料(钢材、木材等)应精确到小数点后三位。

(5)计算工程量要做到不重不漏。在计算工程量前,为防止工程量漏项、重项,一般把一个专业工程划分为若干个分部工程,如房屋建筑与装饰工程就划分为土石方工程、地基处理与边坡支护工程、桩基工程、砌筑工程、砼及钢筋砼工程、措施项目等17个分部工程,在此基础上又划分为若干分项工程分别计算,这样便可以减少重项和漏项,提高准确度。

(6)善于总结经验,提高自我审核能力。招标控制价编制人员要善于总结出一套适合自己的计算方法、计算顺序,尽量避免工程量的重算、漏算,提高招标控制价的编、审质量。

二、招标控制价的编制

1. 编制工程量清单应遵循的原则

(1)要满足编制招标控制价、投标报价和工程施工的需要,力求实现合理确定、有效控制工程造价的目的;

(2)要严格执行编制工程量清单的五个统一(项目编码、项目名称、项目特征、计量单位、工程量计算规则统一);

(3)要保证编制质量,不漏项、不错项、不重项,准确计算工程量。

2. 招标控制价的编制依据

(1)《建设工程工程量清单计价规范》(GB 50500—2013);

(2)国家或省级、行业建设主管部门颁发的计价定额和计价办法;

（3）建设工程设计文件及相关资料；

（4）撰写的招标文件及招标工程量清单；

（5）与建设项目相关的标准、规范、技术资料；

（6）施工现场情况、工程特点及常规施工方案；

（7）工程造价管理机构发布的工程造价信息，工程造价信息没有被发布的，参照市场价；

（8）其他相关资料。

3. 招标控制价的编制

（1）招标控制价应由具有编制能力的招标人或受其委托具有相应资质的工程造价咨询人编制和复核。

（2）招标控制价的编制依据应符合工程量清单计价规范要求，并在编制总说明中详细描述。

招标控制价中工料机价格的确定一般以编制期当月工程造价管理机构发布的工程要素价格信息为依据，对于短期价格波动剧烈的要素价格，编制人应采用即时市场价格作为计算依据，并在编制说明中明确；招标文件提供了暂估单价的材料，按暂估的单价计入综合单价。

招标控制价综合单价中的企业管理费、利润及规费、税金等应按工程所在省市工程造价管理部门发布的计价依据标准计算；当计价依据的费用标准有弹性时，一般采用中值计算。

（3）招标控制价对综合单价内风险费用的确定，要求规范条文将投标人承担的风险分为完全承担的风险、有限承担的风险和完全不承担的风险三类。

① 对于应由承包人完全承担的风险，如管理费和利润等风险，在招标控制价计算时不必考虑，编制人可直接按本省计价依据的相关规定计算。

② 对于完全不承担的风险，如法律、法规变化所产生的风险，在招标控制价中明确该类调价因素产生时的调整范围、内容和方法。

③ 对于有限承担的风险。如材料价格、施工机械使用费的风险，应根据工程特点、工期要求、各要素在造价中所占比例及要素市场波动情况分析，参照相关工程资料取定风险额度，并予以说明。

4. 招标控制价编制需注意的问题

（1）严格依据招标文件（包括招标答疑纪要）和发布的工程量清单编制招标控制价；

（2）正确、全面地使用行业和地方的计价定额（包括相关文件）和价格信息，对招标文件规定可使用的市场价格应有可靠依据；

（3）依据国家有关规定计算不参与竞争的措施费用、规费和税金；

（4）竞争性的措施方案依据专家论证后的方案进行合理确定，并正确计算其费用；

（5）编制招标控制价时，施工机械设备的选型应根据工程特点和施工条件，本着经济适用、先进高效的原则确定。

5. 编制分部分项工程量清单的关键环节

（1）清单子目列项；

（2）五个要素的设置（编码设置、名称设置、特征描述、计量单位、工程量计算）。

6. 编制分部分项工程量清单的常见错误

分部分项工程量清单常见错误如表 3-1 所示。

表 3-1　分部分项工程工程量清单常见错误

易出错误的地方	错 误 现 象
清单子目列项	漏项或重项
项目特征描述	描述不全或描述错误
工程量计算	计算错误

7. 编制招标工程量清单的难点

1）编制难点综述

（1）清单项目的设置：清单项目设置不准确或漏项的存在，会给招标人带来较大的工程风险，在工程实施过程中，承包人可能会据此进行索赔。

（2）项目特征的描述：项目特征的描述不详细、不明确或不清晰，容易给投标人造成理解上的误差，使投标人在投标报价时难以把握并给今后的工程结算、价格调整、合同实施留下发生纠纷的隐患。

（3）工程量的计算：工程量计算错误，会影响投标人的报价分析，同样也会给发包人带来风险，如投标人发现工程量计算错误，可能会采取不平衡报价技巧。

2）应对措施

针对上述难点和存在问题，提出应对措施如下：

（1）熟悉相关专业工程量清单项目，掌握相关专业计量规范中的工程量计算规则；

（2）看懂设计图纸，复查工程数量；

（3）加强审核，防止漏算，避免重算，力求准确。

任务 2　典型案例招标控制价

一、编制说明

1. 工程概况

工程名称：××社区卫生服务站装修工程。

工程地点：××市。

建设规模及主要内容：详见招标控制价编制范围。

2. 招标控制价编制范围

甲方提供的施工设计图。

3. 工程量清单预算编制依据

（1）《建设工程工程量清单计价规范》(GB 50500—2013)；

（2）《浙江省建设工程工程量清单计价指引》《浙江省建设工程计价规则》(2018版)、《建设工程工程量计算规范(2013)浙江省补充规定》；

（3）招标文件；

（4）现行《浙江省建筑工程预算定额》(2018版)、《浙江省安装工程预算定额》(2018版)、《浙江省建筑安装材料基期价格》(2018版)、《浙江省施工机械台班费用定额》(2018版)、《浙江省建设工程施工费用定额》(2010版)及造价相关规定；

（5）其他造价相关规定。

4. 工程量清单预算编制说明

1）共性部分

本工程招标控制价编制时结合浙建建发〔2016〕144号、浙建站定〔2016〕23号、浙建站信〔2016〕25号、浙建站定〔2016〕54号文件，按单独装饰工程三类费率标准中限计取，施工组织措施费中安全文明施工费按中限费率；已完工程及设备保护费、工程定位复测费按费率中限计取，按其他施工组织措施费用招标控制价编制时不考虑，投标单位投标时考虑该因素，结算时不再调整。施工单位在报价的时候自行考虑施工技术措施费，结算时不做调整。

材料价格：按2018年第5期《××市建设工程造价管理信息》，参考同时期《浙江造价信息》。

人工单价：按2018年第5期《××市建设工程造价管理信息》公布的人工市场信息价进行补差计入综合单价，差价仅计取税金。

农民工工伤保险费未包含在招标控制价内，具体按××市相关文件规定执行。

本工程招标控制价计价方式采用13国标清单综合单价。

本工程清单项目的项目特征及工作内容描述不完善的项目，投标人须参照《建设工程工程量清单计价规范》(GB 50500—2013)并结合相对应的图纸、相关图集及验收规范要求进行报价，结算时清单综合单价不做调整。

2）装修部分

外墙砌筑按240 mm红砖墙考虑，正立面按花岗岩湿挂（颜色同原花岗岩）考虑，北面墙按外墙弹性涂料考虑。

本招标控制价抹灰仅考虑新砌墙体部分，原有墙体抹灰本次预算不考虑。

拆除（包括原卷帘门拆除、砖墙拆除、水泥台拆除、开门洞等所有本工程需要的拆除）费用、垃圾清运费及修补费用为3000元一次性包干，投标单位结合现场情况，报价时综合考虑，结算时不做调整。

根据设计回复:外墙 12 mm 钢化玻璃隔断的不锈钢窗套宽度按 120 mm 考虑。

根据设计回复:本招标控制价店招钢基层按 40×40×3 镀锌方管考虑,竖向间距@600 mm。室外新砌台阶面层按 25 mm 603 花岗岩考虑。

本招标控制价门槛板按 20 mm 中国黑花岗岩考虑。

本招标控制价乳胶漆按刷 3 遍考虑,颜色按甲方指令施工,颜色不同单价不做调整,防火涂料按刷 3 遍考虑。

本工程室内仅考虑满堂脚手架,外立面考虑外墙脚手架,其余脚手架不考虑,结算时不做调整,投标单位投标时考虑该因素,结算时不再调整。

根据设计回复:本招标控制价除卫生间外,其余吊顶均按矿棉板吊顶考虑。

图纸中 PVC 字不进入本次预算。

3) 其他

说明不详之处,详见工程预算书。

5. 招标人招标控制价的复核及调整

投标人应对招标人提供的招标控制价进行复核,如招标控制价中存在除工程量清单项目漏项、项目多列或重复列项、清单项目工程量有误以外的定额错套、信息价输入差错、清单组合子目缺漏及清单组合子目工程量有误等错误的,应在招标答疑时提出,经招标人确认后,在答疑纪要中明确并调整,如不提出,今后不予调整。工程量清单所列的工程量暂定(明细内容中已写明一次性包干的工程量除外),竣工结算时按实际结算量确定。

二、工程图纸

社区卫生服务站图纸如图 3-1 至图 3-20 所示。

三、招标控制价文档

(1)单位工程费用汇总表(详见表 3-2 和表 3-3)。

表 3-2 工程项目招标控制价汇总表

工程名称:××社区卫生服务站装修工程

序　号	单位工程名称	金额/元
1	××社区卫生服务站装修工程	236802.00
1.1	装修工程	236802.00
	合计	236802.00

图 纸 目 录

工程编号： 第 1 页，共 1 页

设计单位：		建设单位	××街道斗门卫生院
浙江××装饰工程有限公司 ZHEJIANG YINTAI DECORATION ENGINEERING CO.,LTD 建筑装饰设计研究院 DECORATION DESIGN INSTITUTE		工程名称	××社区卫生服务中心

序号	图号	图纸内容	图幅	备注
1		图纸目录	A3	
2	饰施-01	装饰设计说明	A3	
3	饰施-02	平面原始图	A3	
4	饰施-03	平面布置图	A3	
5	饰施-04	顶面布置图	A3	
6	饰施-05	铺装平面图	A3	
7	饰施-06	平面尺寸图	A3	
8	饰施-07	平面索引图	A3	
9	饰施-08	大厅A、C、D立面图 过道C立面图	A3	
10	饰施-09	化验室A、B、D立面图 过道B立面图	A3	
11	饰施-10	输液大厅A、B、C、D立面图 化验室C立面图	A3	
12	饰施-11	输液室A、C、D立面图	A3	
13	饰施-12	药房A、B、C、D立面图	A3	
14	饰施-13	诊室①A、B、C、D立面图	A3	
15	饰施-14	诊室②A、B、C、D立面图	A3	
16	饰施-15	员工卫生间区立面图 女卫A、C，男卫A、C立面图	A3	
17	饰施-16	男女卫B、D立面图	A3	
18	饰施-17	外立面图	A3	
19	饰施-18	收费、挂号、输液室剖面图	A3	
20	饰施-19	宣传栏立面图	A3	
21				
22				
23				
24				
25				
专业负责人		设计/制表		图别		日期	

图 3-1　社区卫生服务站图纸目录

设 计 说 明

一、工程概况

1.建设地点：xx街道鸿家路；

2.建设单位：xx街道卫生院；

3.建筑面积：254.49平方米；

4.建筑结构：框架结构.

二、设计依据

1.根据甲方要求，原社区房改为社区卫生服务中心.

2.国家和浙江省现行政策、法规、标准化设计及其他相关规范：

《建筑内部装修设计防火规范》GB 50222-2017

《民用建筑工程室内环境污染控制规范》GB 50325-2010

《工程建设标准强制性条文房屋建筑部分》2013年版

《民用建筑设计通则》GB 50352-2005

《建筑制图统一标准》GB/T 50104-2010

《房屋建筑制图统一标准》GB 50001-2010

《建筑装饰装修工程质量验收规范》GB 50210-2001

3.甲方提供的原始资料，设计要求和相关结构图纸.

4.现场勘察资料.

三、施工图设计说明

1.本工程对原有建筑物的设计用途、使用环境发生改变.

2.老人经常能接触的1.5m以下的室内墙面阳角部位必须做防护角，所有地面选用防滑地砖.

(1)所有隔墙除图纸注明外均为120mm轻质墙，卫生间隔墙底部四周(门洞除外)150高C20素砼翻边，宽度同墙厚.

(2)窗台面距楼地面高度低于0.90m，应采取防护措施.

3.防火设计说明：

(1)选用装饰材料严格遵循防火规范的要求.

(2)在安全出口设有疏散通道指示灯，安全出口指示灯及其标志.

4.防潮防锈防水设计说明：

(1)凡结构墙身采用木做和石材干挂时均在结构墙身刷防潮涂料一道.

(2)凡基层采用角钢龙骨或槽钢龙骨时均要刷防锈漆2遍(刷红丹防锈漆和锌防锈漆各一道).

(3)凡卫生间地面做及四周上翻150mm做作2厚JS防水涂料三度处理.

(4)凡实木地板地龙下方均设置防潮纸.

5.材料选用设计说明：

(1)本装饰工程中所采用的装修材料，均应符合《民用建筑工程室内环境污染控制规范》GB 50325-2010的有关规定.

民用建筑工程所使用的无机非金属装修材料，包括石材、建筑卫生陶瓷、石膏板、吊顶材料等，进行分类时，其放射性指标限量应符合无机非金属装修材料放射性指标限量表的规定.

无机非金属装修材料放射性指标限量表

项目测定	限量 A	限量 B
内照射指数	≤1.0	≤1.3
外照射指数	≤1.3	≤1.9

(2)民用建筑工程室内用人造木板及饰面人造木板，必须测定游离甲醛含量或游离甲醛释放量.

(3)Ⅰ类民用建筑工程的室内装修必须采用A类无机非金属建筑材料和装修材料.必须采用E1类人造模板及饰面人造模板.

(4)民用建筑工程室内装修时，不应采用聚乙烯醇缩甲醛胶粘剂.

(5)民用建筑工程室内装修中所使用的木地板及其他木质材料，严禁采用沥青类防腐、防潮处理剂.

(6)民用建筑工程中，不应在室内采用脲醛树脂泡沫塑料作为保温、隔热和吸声材料.

(7)民用建筑工程室内装修时，所使用的地毯、地毯衬垫、壁纸、聚氯乙烯卷材地板，其挥发性有机化合物及甲醛释放量均应符合相应材料的有害物质限量的国家标准规定.

(8)Ⅰ类民用建筑工程的室内装修粘贴塑料地板时，不应采用溶剂型粘贴剂.

6.轻钢龙骨吊顶：

(1)U60系列承载龙骨的吊点中距为900~1200mm.

(2)复面龙骨的中距一复面的规格及拼缝方法确定，规格为500~625的方形板，其负面龙骨中距与板边长相等.如果板间设拼缝则中距相应增加拼缝尺寸.对长方形(大张)复面板，一般在宽度方向和长度方向各在中间增设1~2根复面龙骨.要求板长方形龙骨间距＜900，板宽方向龙骨间距＜600.

(3)一般轻型灯具可固定在附加复面龙骨上，每根复面龙骨所受集中荷载不大于45N，均布荷载应不大于60N/m.重型灯具及风扇、风管等均应直接吊挂在结构层上，不得与吊顶的吊杆及龙骨连接.

7.室内石材干挂：

(1)金属骨架采用的钢材的技术要求和性能应符合现行国家标准，其规格、型号应符合设计图纸要求.室外如采用型钢，宜选用热浸镀锌产品.

(2)石板：按设计图纸要求备料，如为花岗石应经见证取样，其放射性指标应符合有关规定.如需进行石板外防护处理已完成.

(3)石板加工应符合下列规定：

石板连接部位应无崩坏、暗裂等缺陷.石板的品种、几何尺寸、形状、花纹图案造型、色泽应符合设计要求.石板厚度不得小于25mm.

(4)挂件：干挂件，不锈钢垫片，膨胀螺栓.不锈钢干挂片采用4mm厚，干挂件采用25x3不锈钢垫片、弹簧垫圈8(GB93-87)、M8不锈钢螺母(GB6170-2000).

(5)轻质砖墙处石材干挂内构采用8#镀锌槽钢立柱与200x300x10mm钢板后置埋件连接，横梁采用L50x5镀锌角钢横梁.钢筋混凝土墙处采用L50x5镀锌角钢横梁，M12膨胀螺栓用墙体固定.

8.玻璃选用：

室内装修工程用玻璃均采用钢化玻璃.应遵照《建筑门窗应用技术规程》DB33/1064-2009、《建筑玻璃应用技术规程》JGJ113-2009、《建筑安全玻璃管理规定》发改运行[2003]2116号及地方主管部门的有关规定.

9.其他规定：

(1)任何施工图的修改须同时通过业主和设计单位同意.

(2)施工方需提供所选材料的样板与设计师确认.所选用的石材、墙地砖在施工前应先进行色样的选择，以期达到最佳效果，所有石材安装前6面均要刷防腐剂.

(3)与装修设计相关的设备(如空调、音响、液晶电视等)，具体尺寸以甲方采购的设备尺寸为准.

(4)所有油漆、涂料、粉刷等均预先选好样板，经设计师认可后方可施工.

(5)重型设备严禁安装在吊顶工程的龙骨上.

(6)木龙骨、木基层在施工前均刷防火涂料三遍.角铁、角钢、焊接缝均用防锈漆两遍.

(7)饰面板在同一范围内无明显色差及纹理差异.

(8)所有木龙，板材需经过天然干燥法或人工干燥法处理及防火处理.

(9)所有隐蔽工程应涂有当地消防部门许可证的防火涂料(包括所有木结构表面).所用的地毯、墙纸与装饰布料必须达到国家消防部门规定的防火阻燃要求.

四、装饰设计内容

1.一层大厅：

地面：600x600抛光砖.防火等级-A1级-；

墙面：600x300抛光砖.防火等级-A级-.乳胶漆防火等级-B1级-；

吊顶：轻钢龙骨石膏板顶.防火等级-A级-.

2.诊室、针灸室、化验室、输液室、输液大厅：

地面：600x600抛光砖.防火等级-A级-；

墙面：600x300墙面砖、白色乳胶漆.防火等级-B1级-；

吊顶：轻钢龙石膏板.防火等级-A级-.

3.药房、档案室：

地面：600x600抛光砖.防火等级-A级-；

墙面：白色乳胶漆.防火等级-B1级-；

吊顶：轻钢龙石膏板.防火等级-A级-.

4.卫生间：

地面：300x300防滑地砖.防火等级-A级-；

墙面：300x600白色墙砖.防火等级-A级-；

吊顶：轻钢龙骨防水石膏板.防火等级-A级-.

五、设计标高

1.在本工程装修设计中均以楼层地面(装饰净面)为相对±0.000；

2.底层相对标高为土建±0.000标高；

3.图纸尺寸除标高外均以毫米为单位.

六、关于内隔墙

凡原建筑已有隔墙并符合内装修分割要求的均保持不变.新添隔墙采用120mm轻质隔墙到顶.

七、其他说明

1、本说明及施工图如有与国家或地方规范相抵触的地方，应按国家规范和当地规范执行，并请汇报至设计师处备案.

2、本说明未有提及而国家或地方另有规定的应按国家规范或当地规范执行.其他未尽事宜可在施工过程中妥善协调，并严格遵守国家的相关规范规程.

3、原卷闸门拆除，部分墙体拆除.

设计单位	浙江 ××装饰工程有限公司 ZHEJIANG DECORATION ENGINEERING CO., LTD 建筑装饰设计研究院 DECORATION DESIGN INSTITUTE	
建设单位	××街道卫生院	
工程名称	××社区卫生服务站	
工程编号	YT-A-20180124-1	
出图日期	2018.04	
	签名	日期
审定	李胜伟	
审核	楼玉涛	
校对	陈自律	
项目负责人	楼玉涛	
专业负责人	闻韬	
设计	沈悦青	
绘图	沈悦青	
图纸名称	装饰设计说明	
图号	装施-01	出图版次 A

执业专用章(按规定加盖)

未盖出图专用章无效

图3-2　设计说明

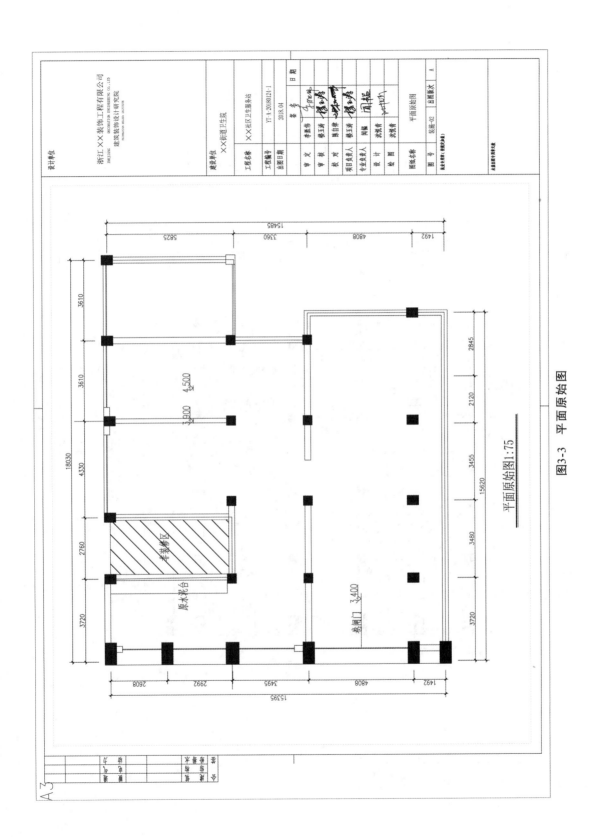

图3-3 平面原始图

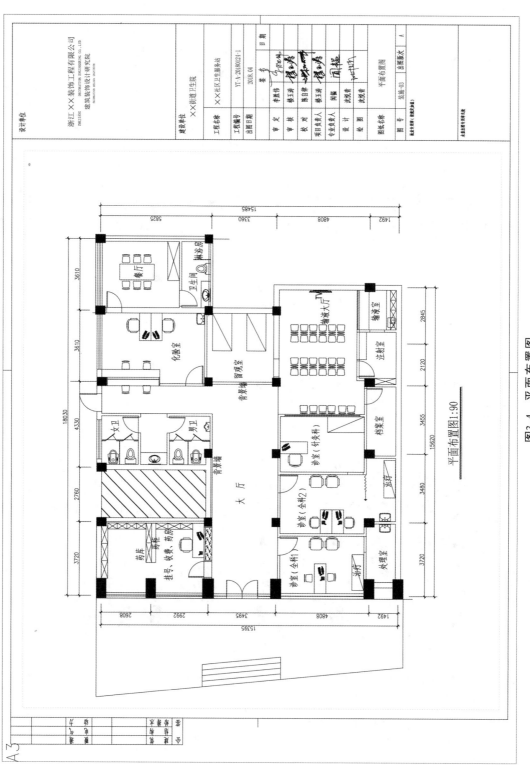

图3-4 平面布置图

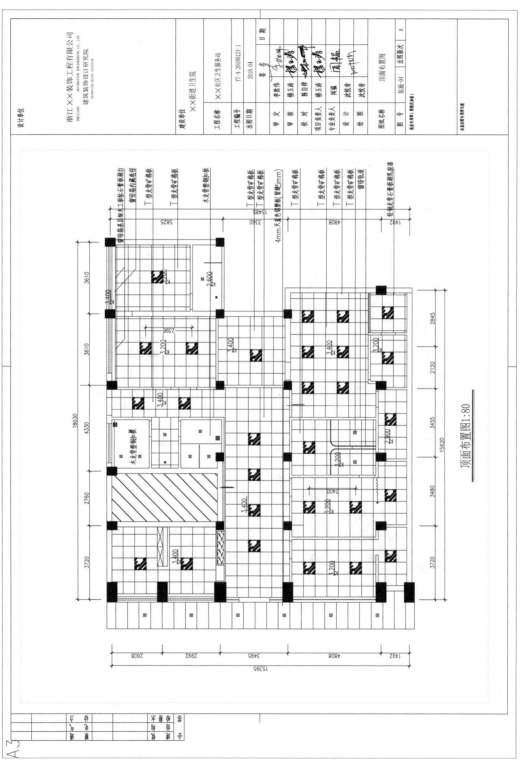

图3-5 顶面布置图

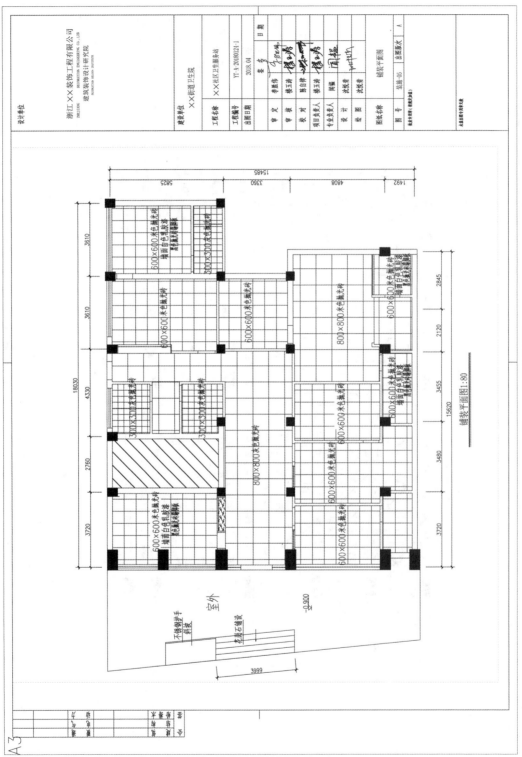

图3-6 铺装平面图

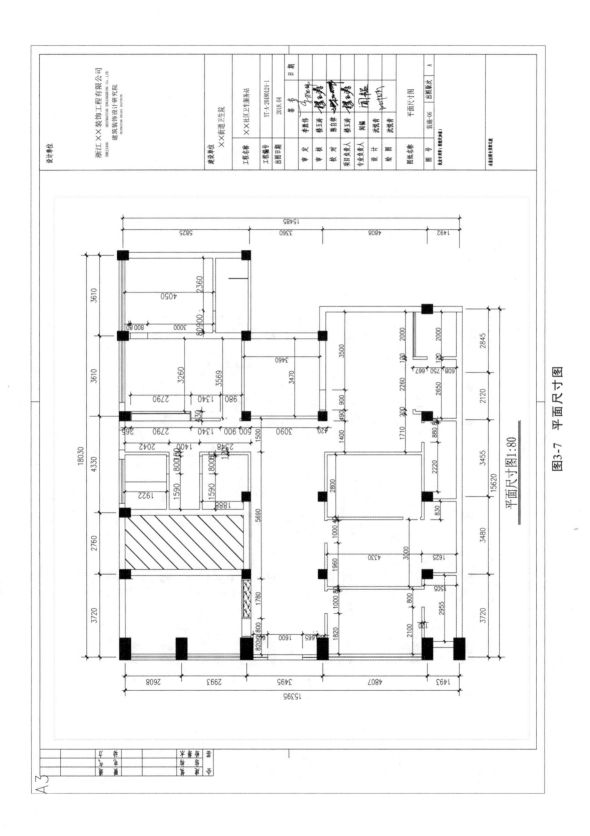

图3-7 平面尺寸图

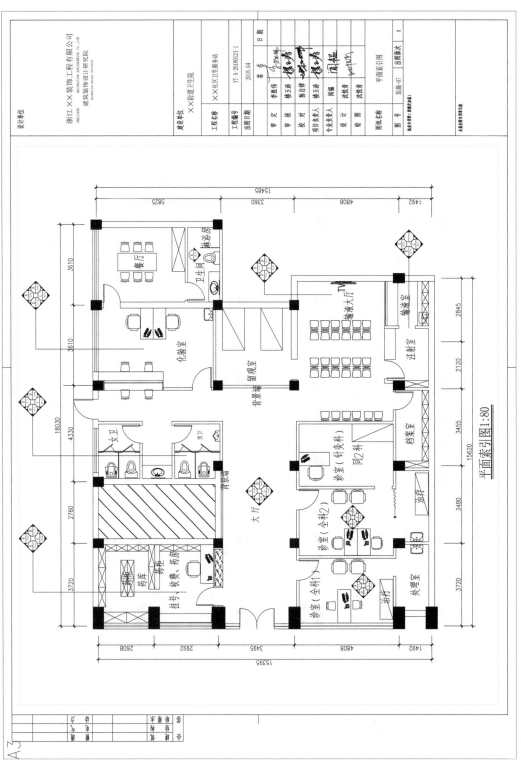

图3-8 平面索引图

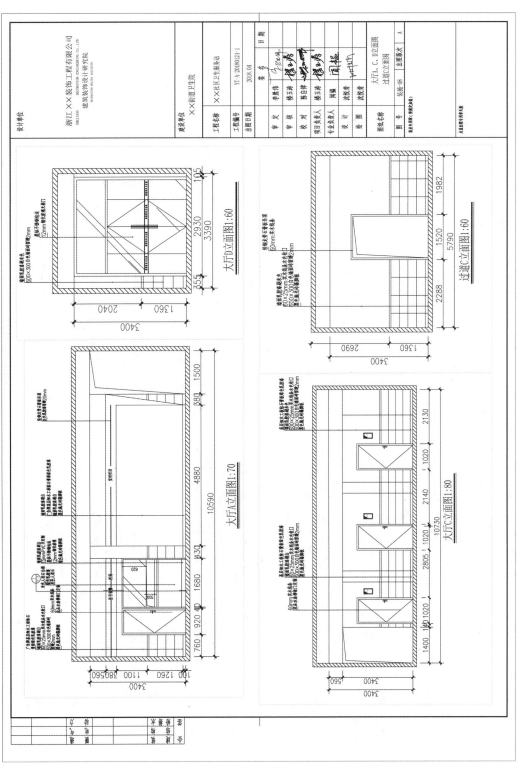

图3-9 大厅A、C、D立面图及过道C立面图

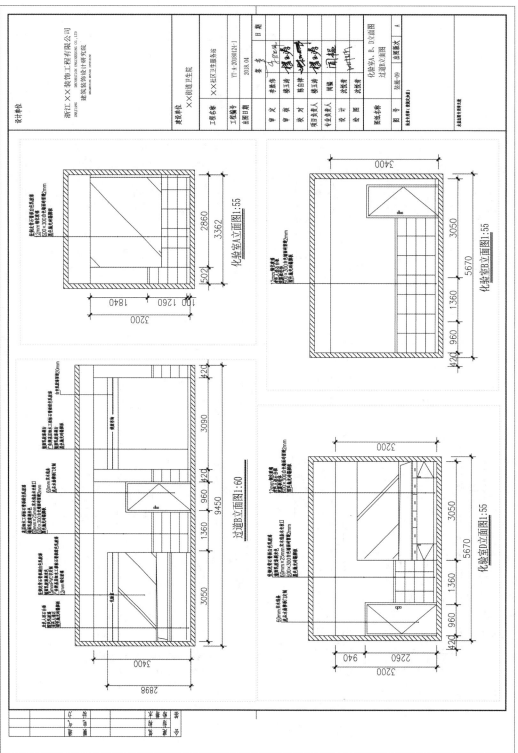

图3-10 化验室A、B、D立面图及过道B立面图

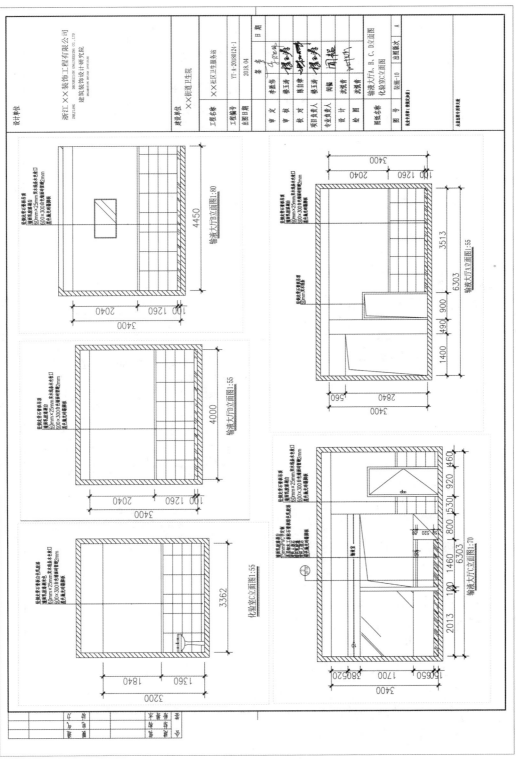

图3-11 输液大厅A、B、C、D立面图及化验室C立面图

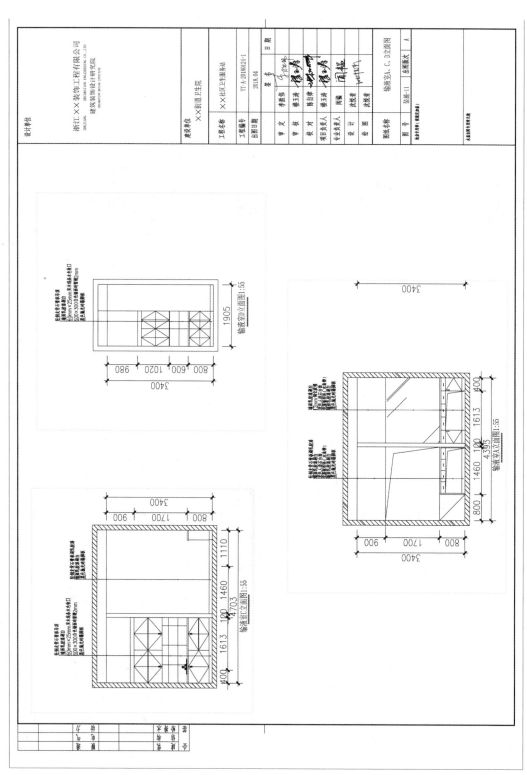

图3-12 输液室A、C、D立面图

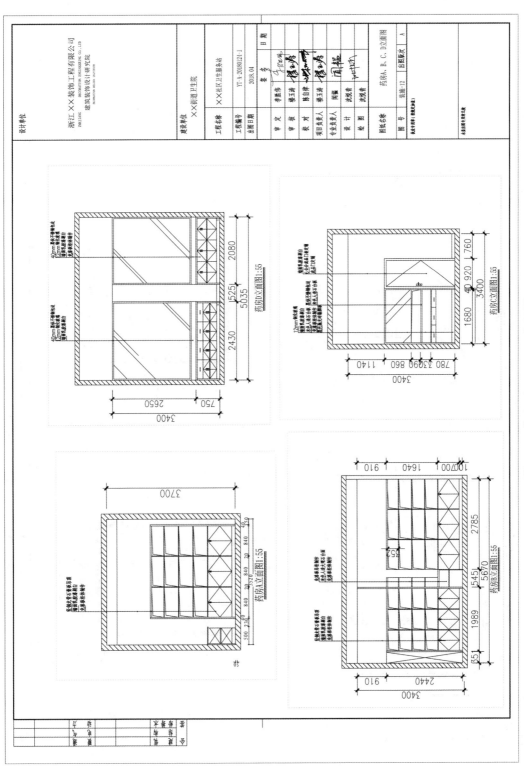

图3-13 药房A、B、C、D立面图

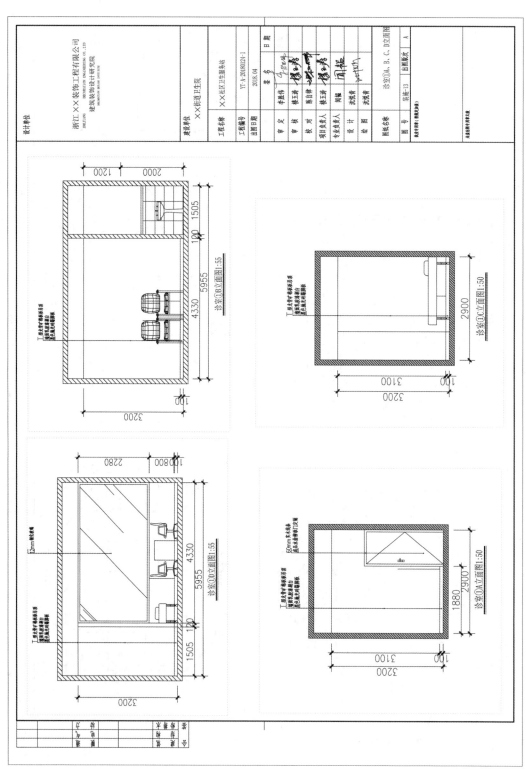

图3-14 诊室①A、B、C、D立面图

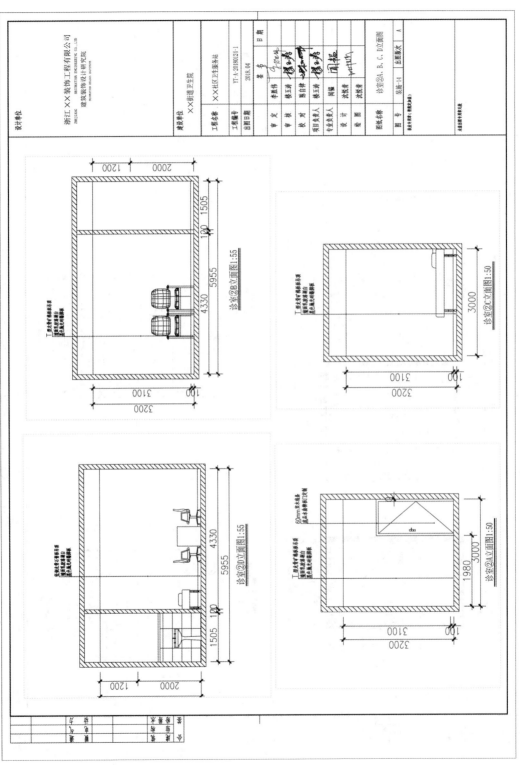

图3-15 诊室②A、B、C、D立面图

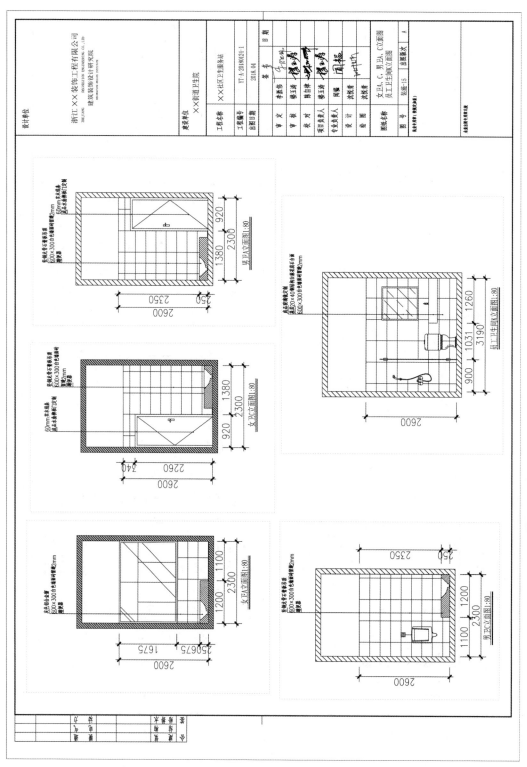

图3-16 女卫A、C，男卫A、C，员工卫生间K立面图

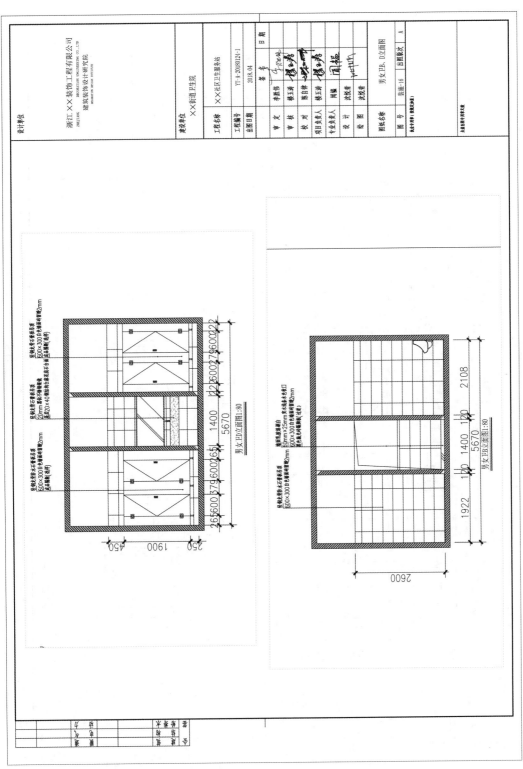

图3-17 男女卫B、D立面图

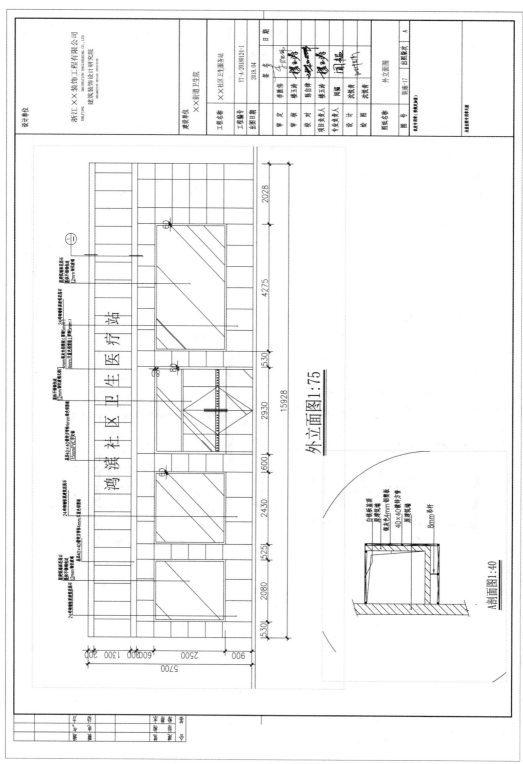

图3-18 外立面图

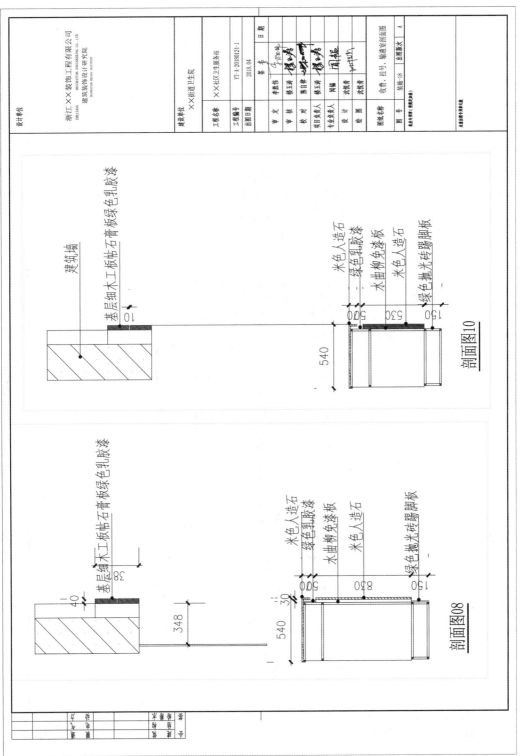

图3-19 剖面图

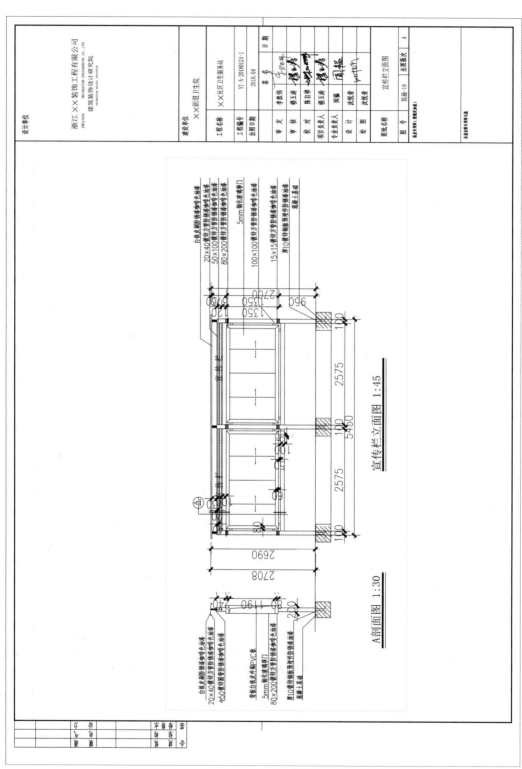

图3-20 宣传栏立面图

表 3-3 单位(专业)工程招标控制价计算表

单位(专业)工程名称:××社区卫生服务站装修工程-装修工程

序 号	汇总内容	计算公式	金额/元
一	工程量清单分部分项工程费	∑(分部分项工程量 × 综合单价)	207099.72
其中	1.人工费 + 机械费	∑(分部分项人工费 + 分部分项机械费)	25904.93
二	措施项目费		4582.08
2.1	(一)施工技术措施项目费	按综合单价计算	2441.30
其中	2.人工费 + 机械费	∑(技措项目人工费 + 技措项目机械费)	989.19
2.2	(二)施工组织措施项目费	按项计算	2140.78
	3.安全文明施工费	(1 + 2)×7.87%	2116.57
	4.冬雨季施工增加费	(1 + 2)×0%	0.00
	5.夜间施工增加费	(1 + 2)×0%	0.00
	6.已完工程及设备保护费	(1 + 2)×0.05%	13.45
	7.二次搬运费	(1 + 2)×0%	0.00
	8.行车、行人干扰增加费	(1 + 2)×0%	0.00
	9.提前竣工增加费	(1 + 2)×0%	0.00
	10.工程定位复测费	(1 + 2)×0.04%	10.76
	11.特殊地区施工增加费	(1 + 2)×0%	0.00
	12.其他施工组织措施费	按相关规定计算	0.00
三	其他项目费	按清单计价要求计算	0.00
四	规费	13 + 14	3593.05
	13.排污费、社保费、公积金	(1 + 2)×13.36%	3593.05
	14.民工工伤保险费	按各市有关规定计算	0.00
五	危险作业意外伤害保险费	按各市有关规定计算	0.00
六	单列费用	单列费用	0.00
七	税金	销项税+地方水利建设基金	21527.49
八	下浮率	(一十二十三十四十五十六十七)×0%	0.00
九	建设工程造价	一十二十三十四十五十六十七一八	236802.00

(2)分部分项工程量清单综合单价计价表(详见表3-4)。

(3)措施项目计价表(详见表3-5和表3-6)。

(4)主要材料价格表(详见表3-7)。

表3-4 分部分项工程量清单综合单价计价表

单位(专业)工程名称：××社区卫生服务站装修工程-装修工程

序号	编号	名称	计量单位	数量	综合单价/元						合计/元
					人工费	材料费	机械费	管理费	利润	风险费用	小计	
		隔墙工程及拆除工程										31719.93
1	010402001001	砌块墙:120厚蒸压砂加气混凝土砌块	m³	28.58	71.25	311.41	1.45	8.67	4.23	0.00	397.01	11346.55
	3-86	蒸压砂加气混凝土砌块墙 厚150mm以内	m³	28.58	71.25	311.41	1.45	8.67	4.23	0.00	397.01	11346.55
2	010401003001	实心砖墙:240mm红砖墙	m³	5.66	98.25	393.14	3.87	12.03	5.86	0.00	513.15	2904.43
	3-45	砌烧结普通砖墙 厚1砖	m³	5.66	98.25	393.14	3.87	12.03	5.86	0.00	513.15	2904.43
3	011201001001	墙面一般抹灰:墙面水泥砂浆抹灰14mm+6mm	m²	531.23	14.12	8.27	0.38	1.51	0.74	0.00	25.02	13291.37
	11-2	墙面水泥砂浆抹灰14mm+6mm	100m²	5.3123	1411.74	827.12	38.22	150.93	73.56	0.00	2501.57	13289.09
4	010507007001	其他构件:卫生间C25非泵送商品混凝土翻边	m³	0.21	108.75	537.41	0.59	12.93	6.30	0.00	665.98	139.86
	4-100	现浇商品(泵送)砼小型构件浇捣非泵送商品混凝土C25	m³	0.21	108.75	537.41	0.59	12.93	6.30	0.00	665.98	139.86
5	010510003001	过梁:非泵送商品混凝土C25	m³	0.55	101.25	513.54	0.39	12.00	5.85	0.00	633.03	348.17
	4-279换	预制圈、过梁浇捣非泵送商品混凝土C25	10m³	0.055	1012.50	5135.40	3.91	120.01	58.49	0.00	6330.31	348.17
6	011407001001	墙面喷刷涂料:外墙涂料、弹性涂料	m²	15.00	22.31	20.22	0.00	2.31	1.13	0.00	45.97	689.55
	14-168	外墙涂料、弹性涂料	100m²	0.15	2231.46	2021.73	0.00	231.26	112.70	0.00	4597.15	689.57
7	011601001001	拆除工程:原卷帘门、砖墙、水泥台、开门洞等拆除及垃圾外运	项	1	0.00	3000.00	0.00	0.00	0.00	0.00	3000.00	3000.00
	综合价	拆除工程	项	1	0.00	3000.00	0.00	0.00	0.00	0.00	3000.00	3000.00

续表

序号	编号	名称	计量单位	数量	综合单价/元						合计/元
					人工费	材料费	机械费	管理费	利润	风险费用	小计	
8	011210003001	外立面工程 玻璃隔断:12厚钢化玻璃隔断	m²	24.89	39.90	150.57	0.00	4.13	2.02	0.00	196.62	48256.37 4893.87
	11-187	玻璃隔断(全玻):钢化玻璃Φ12	100m²	0.2489	3989.70	15056.86	0.00	413.48	201.50	0.00	19661.54	4893.76
9	010808004001	金属门窗套	m²	7.82	76.97	407.78	0.03	7.98	3.89	0.00	496.65	3883.80
	13-121	五夹板木龙骨窗套基层:细木工板 2440×1220×18	100m²	0.0782	2214.63	6019.67	2.94	230.19	112.18	0.00	8579.61	670.93
	14-109+14-110×1换	墙、柱面木龙骨刷防火涂料3遍	100m²	0.0782	1139.49	355.27	0.00	118.09	57.55	0.00	1670.40	130.63
	14-107换	其他板材面刷防火涂料3遍	m²	7.82	6.97	3.81	0.00	0.72	0.35	0.00	11.85	92.67
	13-132	黑钛板不锈钢板门窗套	100m²	0.0782	3646.17	29856.69	0.00	377.88	184.15	0.00	34064.89	2663.87
	综合价	折边费	m	32.57	0.00	10.00	0.00	0.00	0.00	0.00	10.00	325.70
10	010808004002	金属门窗套	m²	3.95	84.99	399.87	0.04	8.82	4.30	0.00	498.02	1967.18
	13-120	五夹板木龙骨窗套基层:细木工板 2440×1220×18	100m²	0.0395	3016.53	6269.55	4.30	313.61	152.83	0.00	9756.82	385.39
	14-109+14-110×1换	墙、柱面木龙骨刷防火涂料3遍	100m²	0.0395	1139.49	355.27	0.00	118.09	57.55	0.00	1670.40	65.98
	14-107换	其他板材面刷防火涂料3遍	m²	3.95	6.97	3.81	0.00	0.72	0.35	0.00	11.85	46.81
	13-132	黑钛板不锈钢板金属门窗套	100m²	0.0395	3646.17	29856.69	0.00	377.88	184.15	0.00	34064.89	1345.56

续表

序号	编号	名称	计量单位	数量	综合单价/元						合计/元
					人工费	材料费	机械费	管理费	利润	风险费用	小计	
11		折边费	m	12.34	0.00	10.00	0.00	0.00	0.00	0.00	10.00	123.40
	010805005001	全玻自由门:2930×2400 12mm厚玻化玻璃无框门,包括地弹簧、拉手、合页等一切费用	樘	1	1192.06	1521.62	0.00	123.54	60.21	0.00	2897.43	2897.43
	13-86	无框玻璃平开门安装	100m²	0.07032	12728.43	10550.70	0.00	1319.13	642.85	0.00	25241.11	1774.95
	13-150	装任玻璃门上金属拉手	10副	0.2	297.00	1515.00	0.00	30.78	15.00	0.00	1857.78	371.56
	13-155	地弹簧安装	10副	0.2	891.00	2161.40	0.00	92.34	45.00	0.00	3189.74	637.95
	13-163	玻璃门合页安装	10只	0.6	99.00	74.03	0.00	10.26	5.00	0.00	188.29	112.97
12	011204001001	石材墙面:水泥砂浆湿贴花岗岩(颜色同原花岗岩)	m²	17.39	67.54	228.47	0.00	7.11	3.47	0.00	307.52	5347.77
	11-48	水泥砂浆湿挂花岗岩墙面	m²	17.39	67.54	228.47	0.93	7.11	3.47	0.00	307.52	5347.77
13	011507001001	平面、箱式招牌:40×40镀锌方管制作、安装、运输,防锈漆二遍,4mm铝塑板、白铁板盖顶	m²	27.08	83.89	648.79	15.19	11.93	5.82	0.00	765.62	20732.99
	6-54	钢管支撑(钢拉条)制作	t	0.855	673.20	4699.30	302.75	135.02	65.80	0.00	5876.07	5024.04
	6-104	钢支撑(钢拉条)、钢檩条安装	t	0.855	326.70	80.61	148.99	63.30	30.85	0.00	650.45	556.13
	6-80	二类金属构件运输,运距5km	10t	0.0855	99.00	63.30	276.72	59.08	28.79	0.00	526.89	45.05
	14-138	其他金属面:防锈漆一遍	t	0.855	118.80	59.09	0.00	12.31	6.00	0.00	196.20	167.75
	14-148	其他金属面:金属面镀锌一遍	t	0.855	356.40	1907.07	0.00	36.94	18.00	0.00	2318.41	1982.24
	11-125	墙面铝塑板平面层	100m²	0.56896	1474.11	19383.94	0.00	152.77	74.45	0.00	21085.27	11996.68

续表

序号	编号	名称	计量单位	数量	综合单价/元						合计/元
					人工费	材料费	机械费	管理费	利润	风险费用	小计	
	7-31	屋面白铁板泛水	100m²	0.17857	915.00	4295.86	8.09	109.49	53.36	0.00	5381.80	961.03
14	01B001	宣传栏:宣传栏具体做法详见图纸	项	1	0.00	5000.00	0.00	0.00	0.00	0.00	5000.00	5000.00
	综合价	宣传栏:具体做法详见图纸	项	1	0.00	5000.00	0.00	0.00	0.00	0.00	5000.00	5000.00
15	Z010401015001	砖砌台阶:砖砌台阶	m²	4.50	78.75	168.31	2.18	9.53	4.64	0.00	263.41	1185.35
	9-65	砖砌台阶	100m²	0.45	787.50	1683.14	21.84	95.29	46.44	0.00	2634.21	1185.39
16	011107001001	石材台阶面:603花岗岩台阶面	m²	10.12	40.96	89.44	0.50	4.30	2.10	0.00	137.30	1389.48
	10-119	花岗岩台阶面	100m²	0.1012	4095.63	8944.03	49.64	430.47	209.78	0.00	13729.55	1389.43
17	010507001001	散水、坡道:防滑坡道C15(40)	m²	2.93	28.58	69.31	1.91	3.69	1.80	0.00	105.29	308.50
	9-68	防滑坡道C15(40)	100m²	0.293	285.75	693.10	19.09	36.87	17.97	0.00	1052.78	308.46
18	011503001001	金属扶手、栏杆、栏板:不锈钢护手	m	2.60	0.00	250.00	0.00	0.00	0.00	0.00	250.00	650.00
	综合价	不锈钢护手	m	2.6	0.00	250.00	0.00	0.00	0.00	0.00	250.00	650.00
		大厅及走道										16780.20
19	011102003001	块料楼地面:①找平层厚度、砂浆配合比:20mm水泥砂浆找平层;②结合层厚度、砂浆配比:1:3水泥砂浆;③面层材料品种、规格、颜色:800×800灰色抛光砖	m²	43.36	34.99	83.51	0.82	3.74	1.82	0.00	124.88	5414.80
	10-1	水泥砂浆找平层厚20mm	m²	43.36	6.44	7.74	0.30	0.70	0.34	0.00	15.52	672.95
	10-32	800×800灰色抛光砖楼地面,周长2400mm以上密缝	100m²	0.4336	2855.16	7576.83	52.30	303.90	148.10	0.00	10936.29	4741.98

续表

序号	编号	名称	计量单位	数量	人工费	材料费	机械费	管理费	利润	风险费用	小计	合计/元
20	011102001001	石材楼地面（门口板）：①找平层厚度、砂浆配合比：20mm水泥砂浆找平层；②结合层厚度、砂浆配合比：1:2水泥砂浆；③面层材料品种、规格、颜色：20mm厚中国黑大理石门口板，磨单边；④防护层材料种类：石材防腐处理，石材磨小圆边	m²	0.60	154.81	239.48	0.67	16.12	7.86	0.00	418.94	251.36
	10-128	零星装饰项目：20mm厚中国黑大理石门口板	m²	0.6	79.53	138.48	0.37	8.29	4.04	0.00	230.71	138.43
	10-1	水泥砂浆找平层厚20mm	m²	0.6	6.44	7.74	0.30	0.70	0.34	0.00	15.52	9.31
	15-92	石材磨小圆边	100m	0.0596	693.00	636.87	0.00	71.82	35.00	0.00	1436.69	85.63
	综合价	石材六面防腐处理	m²	0.6	0.00	30.00	0.00	0.00	0.00	0.00	30.00	18.00
21	011302001001	吊顶天棚：T型铝合金龙骨、矿棉板天棚饰面	m²	43.36	22.95	51.28	0.00	2.38	1.16	0.00	77.77	3372.11
	12-21	T型铝合金龙骨	100m²	0.4336	1413.72	2863.59	0.00	146.51	71.40	0.00	4495.22	1949.13
	12-53	矿棉板天棚饰面	100m²	0.4336	881.10	2264.63	0.00	91.31	44.50	0.00	3281.54	1422.88
22	011105003001	块料踢脚线：100mm高黑色抛光砖踢脚线，石材磨小圆边	m²	2.53	116.93	128.67	0.19	12.14	5.92	0.00	263.85	667.54
	10-66	100mm高黑色抛光砖踢脚线	m²	2.53	47.63	64.98	0.19	4.96	2.42	0.00	120.18	304.06
	15-92	石材磨小圆边	100m	0.253	693.00	636.87	0.00	71.82	35.00	0.00	1436.69	363.48
23	011204003001	块料墙面：600×300白色墙面砖留缝2mm	m²	19.06	35.38	59.95	0.20	3.69	1.80	0.00	101.02	1925.44
	11-56	600×300白色墙面砖留缝2mm	100m²	0.1906	3538.26	5994.94	19.85	369.10	179.87	0.00	10102.02	1925.45

续表

序号	编号	名称	计量单位	数量	人工费	材料费	机械费	管理费	利润	风险费用	小计	合计/元
24	011502002001	木质装饰线：60mm×25mm实木线条木色收口	m	17.33	3.86	19.41	0.00	0.40	0.20	0.00	23.87	413.67
	15-73	60mm×25mm实木线条木色收口	m	17.33	3.86	19.41	0.00	0.40	0.20	0.00	23.87	413.67
25	011207001001	墙面装饰板：①基层材料种类、规格：18mm厚细木工板基层，防火涂料3遍；②面层材料品种、规格、颜色：12mm石膏板，板缝贴胶带，点锈，刷绿色乳胶缝漆留缝20mm	m²	13.63	52.23	67.79	0.04	5.42	2.64	0.00	128.12	1746.28
	11-114	墙面夹板基层凹凸增加层：细木工板2440×1220×18	m²	13.63	15.05	42.73	0.04	1.57	0.77	0.00	60.16	819.98
	14-107换	其他板材面刷防火涂料3遍	m²	13.63	6.97	3.81	0.00	0.72	0.35	0.00	11.85	161.52
	12-44	每增加一层石膏板：石膏板12	100m²	0.1363	970.20	1636.64	0.00	100.55	49.00	0.00	2756.39	375.70
	14-117	板缝贴胶带，点锈	m²	13.63	2.25	1.03	0.00	0.23	0.11	0.00	3.62	49.34
	14-155+14-156×1换	墙、柱、天棚面乳胶漆3遍	m²	13.63	18.26	3.85	0.00	1.89	0.92	0.00	24.92	339.66
26	011407001002	墙面喷刷涂料：乳胶漆3遍	m²	58.51	18.26	3.85	0.00	1.89	0.92	0.00	24.92	1458.07
	14-155换	墙、柱、天棚面乳胶漆3遍	m²	58.51	18.26	3.85	0.00	1.89	0.92	0.00	24.92	1458.07
27	010808001001	木门套：18mm厚细木工板基层，其他板材面刷防火涂料3遍，水曲柳饰面板，聚酯混漆3遍	m²	0.85	81.56	309.27	0.04	8.46	4.12	0.00	403.45	342.93
	13-122	细木工板门套基层：细木工板2440×1220×18	m²	0.85	33.51	60.89	0.04	3.48	1.70	0.00	99.62	84.68
	14-107换	其他板材面：刷防火涂料3遍	m²	0.85	6.97	3.81	0.00	0.72	0.35	0.00	11.85	10.07

续表

序号	编号	名称	计量单位	数量	综合单价/元						合计/元
					人工费	材料费	机械费	管理费	利润	风险费用	小计	
	13-126	木曲柳门窗套面层（夹板基层）	100m²	0.0085	1706.76	2705.74	0.00	176.88	86.20	0.00	4675.58	39.74
	14-77	其他木材面聚酯混漆3遍	100m²	0.0085	2400.75	927.66	0.00	248.81	121.25	0.00	3698.47	31.44
	综合价	60mm成品实木线条	m	7.08	0.00	25.00	0.00	0.00	0.00	0.00	25.00	177.00
28	010801002001	木质门带套：成品水曲柳板门定制（带门套），900×2200，包括执手锁，合页，门吸，60mm实木线条等一切费用	樘	1	0.00	1188.00	0.00	0.00	0.00	0.00	1188.00	1188.00
	综合价	成品水曲柳板门定制（带门套），包括执手锁，合页，门吸，60mm实木线条等一切费用	m²	1.98	0.00	600.00	0.00	0.00	0.00	0.00	600.00	1188.00
		化验室										14073.01
29	011102003002	块料楼地面：①找平层厚度，砂浆配合比：20mm水泥砂浆找平层；②结合层厚度，砂浆配合比：1：3水泥砂浆；③面层材料品种、规格、颜色：600×600米色抛光砖	m²	18.21	34.63	72.56	0.82	3.70	1.80	0.00	113.51	2067.02
	10-1	水泥砂浆找平层厚20mm	m²	18.21	6.44	7.74	0.30	0.70	0.34	0.00	15.52	282.62
	10-31	600×600米色抛光砖楼地面，周长2400mm以内密缝	m²	18.21	28.19	64.82	0.52	3.00	1.46	0.00	97.99	1784.40
30	011102001002	石材楼地面（门口板）：①找平层厚度，砂浆配合比：20mm水泥砂浆找平层；②结合层厚度，砂浆配合比：1：2水泥砂浆；③面层材料品种、规格、颜色：20mm厚中国黑大理石门口板，磨单边；④防护层材料种类：石材防腐处理，石材磨小圆边	m²	0.11	214.49	294.33	0.67	22.31	10.87	0.00	542.67	59.69

续表

序号	编号	名称	计量单位	数量	综合单价/元						合计/元
					人工费	材料费	机械费	管理费	利润	风险费用	小计	
	10-128	零星装饰项目：20mm厚中国黑大理石门口板	m²	0.11	79.53	138.48	0.37	8.29	4.04	0.00	230.71	25.38
	10-1	水泥砂浆找平层厚20mm	m²	0.11	6.44	7.74	0.30	0.70	0.34	0.00	15.52	1.71
	15-92	石材磨小圆边	100m	0.0204	693.00	636.87	0.00	71.82	35.00	0.00	1436.69	29.31
	综合价	石材六面防腐处理	m²	0.11	0.00	30.00	0.00	0.00	0.00	0.00	30.00	3.30
31	011302001002	吊顶天棚：T型铝合金龙骨、矿棉板天棚饰面	m²	18.52	22.95	51.28	0.00	2.38	1.16	0.00	77.77	1440.30
	12-21	T型铝合金龙骨	100m²	0.1852	1413.72	2863.59	0.00	146.51	71.40	0.00	4495.22	832.51
	12-53	矿棉板天棚饰面	100m²	0.1852	881.10	2264.63	0.00	91.31	44.50	0.00	3281.54	607.74
32	010810002001	木窗帘盒：材质、规格：18mm厚细木工板基层，12mm厚纸面石膏板，防火涂料3遍，板缝点锈，白色乳胶漆3遍	m²	1.18	83.01	74.09	0.02	8.61	4.19	0.00	169.92	200.51
	13-133	细木工板窗帘盒基层（直形，吸顶式）：细木工板 2440×1220×18	m²	1.18	45.83	49.03	0.02	4.76	2.32	0.00	101.96	120.31
	14-107换	其他板材面刷防火涂料3遍	m²	1.18	6.97	3.81	0.00	0.72	0.35	0.00	11.85	13.98
	12-44	每增加一层石膏板	m²	1.18	9.70	16.37	0.00	1.01	0.49	0.00	27.57	32.53
	14-117	板缝贴胶带、点锈	m²	1.18	2.25	1.03	0.00	0.23	0.11	0.00	3.62	4.27
	14-155+14-156×1换	墙、柱、天棚面乳胶漆3遍	100m²	0.0118	1825.56	384.64	0.00	189.19	92.20	0.00	2491.59	29.40
33	010810001001	窗帘（杆）：卷帘、杆等一切费用	m²	6.58	0.00	50.00	0.00	0.00	0.00	0.00	50.00	329.00

续表

序号	编号	名称	计量单位	数量	综合单价/元						合计/元
					人工费	材料费	机械费	管理费	利润	风险费用	小计	
	综合价	卷帘、合拉链、杆等一切费用	m²	6.58	0.00	50.00	0.00	0.00	0.00	0.00	50.00	329.00
34	011105003002	块料踢脚线：100mm高黑色抛光砖踢脚线，石材磨小圆边	m²	1.28	116.98	128.72	0.19	12.15	5.92	0.00	263.96	337.87
	10-66	100mm高黑色抛光砖踢脚线	m²	1.28	47.63	64.98	0.19	4.96	2.42	0.00	120.18	153.83
	15-92	石材磨小圆边	100m	0.1281	693.00	636.87	0.00	71.82	35.00	0.00	1436.69	184.04
35	011204003002	块料墙面：600×300白色墙面砖留缝2mm	m²	15.28	35.38	59.95	0.20	3.69	1.80	0.00	101.02	1543.59
	11-56	600×300白色墙面砖留缝2mm	100m²	0.1528	3538.26	5994.94	19.85	369.10	179.87	0.00	10102.02	1543.59
36	011502002002	木质装饰线：60×25实木线条木色收口	m	9.95	3.86	19.41	0.00	0.40	0.20	0.00	23.87	237.51
	15-73	60×25实木线条木色收口	m	9.95	3.86	19.41	0.00	0.40	0.20	0.00	23.87	237.51
37	011407001003	墙面喷刷涂：墙、柱、天棚面乳胶漆3遍	m²	24.13	18.26	3.85	0.00	1.89	0.92	0.00	24.92	601.32
	14-155换	墙、柱、天棚面乳胶漆3遍	m²	24.13	18.26	3.85	0.00	1.89	0.92	0.00	24.92	601.32
38	010801002002	木质门带套：成品木曲柳板门定制（带门套），900×2200，包拉执手锁，合页，门吸，60mm实木线条等一切费用	樘	1	0.00	1188.00	0.00	0.00	0.00	0.00	1188.00	1188.00
	综合价	成品木曲柳板门定制（带门套），包括执手锁，合页，门吸，60mm实木线条等一切费用	m²	1.98	0.00	600.00	0.00	0.00	0.00	0.00	600.00	1188.00
39	011210003002	玻璃隔断：12mm厚钢化玻璃隔断	m²	6.39	39.90	150.57	0.00	4.13	2.02	0.00	196.62	1256.40
	11-187	钢化玻璃隔断（全玻）：钢化玻璃Φ12	100m²	0.0639	3989.70	15056.86	0.00	413.48	201.50	0.00	19661.54	1256.37

续表

序号	编号	名称	计量单位	数量	综合单价/元						合计/元
					人工费	材料费	机械费	管理费	利润	风险费用	小计	
40	010808004003	金属门窗套:木龙骨18mm细木工板基层,刷防火涂料3遍,1.2mm黑钛不锈钢板,折边费	m²	2.44	76.97	407.77	0.03	7.98	3.89	0.00	496.64	1211.80
	13-121	五夹板木龙骨窗套基层:细木工板2440×1220×18	100m²	0.0244	2214.63	6019.67	2.94	230.19	112.18	0.00	8579.61	209.34
	14-109+14-110×1换	墙、柱面木龙骨刷防火涂料3遍	100m²	0.0244	1139.49	355.27	0.00	118.09	57.55	0.00	1670.40	40.76
	14-107换	其他板材面刷防火涂料3遍	m²	2.44	6.97	3.81	0.00	0.72	0.35	0.00	11.85	28.91
	13-132	黑钛不锈钢板面金属门窗套	100m²	0.0244	3646.17	29856.69	0.00	377.88	184.15	0.00	34064.89	831.18
	综合价	折边费	m	10.16	0.00	10.00	0.00	0.00	0.00	0.00	10.00	101.60
41	011501001001	柜台:3050×2500化验室窗口、免漆板柜体、米色人造石台板,上面12mm钢化玻璃窗口、绿色抛光砖踢脚线	个	1	0.00	3600.00	0.00	0.00	0.00	0.00	3600.00	3600.00
	综合价	3050×2500化验室窗口:免漆板柜体、米色人造石台板,上面12mm钢化玻璃窗口、绿色抛光砖踢脚线	个	1	0.00	3600.00	0.00	0.00	0.00	0.00	3600.00	3600.00
		输液大厅、注射室、输液室										20605.37
42	011102003003	块料楼地面:①找平层厚度、砂浆配合比:20mm水泥砂浆找平层;②结合层厚度、砂浆配合比:1:3水泥砂浆;③面层材料品种、规格、颜色:800×800米色抛光砖	m²	25.85	34.99	83.51	0.82	3.74	1.82	0.00	124.88	3228.15
	10-1	水泥砂浆找平层厚20mm	m²	25.85	6.44	7.74	0.30	0.70	0.34	0.00	15.52	401.19
	10-32	800×800米色抛光砖楼地面,周长2400mm以上密缝	100m²	0.2585	2855.16	7576.83	52.30	303.90	148.10	0.00	10936.29	2827.03

续表

序号	编号	名称	计量单位	数量	综合单价/元						合计/元
					人工费	材料费	机械费	管理费	利润	风险费用	小计	
43	011102003004	块料楼地面：①找平层厚度，砂浆配合比：20mm水泥砂浆找平层；②结合层厚度，砂浆配合比：1:3水泥砂浆；③面层材料品种、规格、颜色：600×600米色抛光砖	m²	8.57	34.63	72.56	0.82	3.70	1.80	0.00	113.51	972.78
	10-1	水泥砂浆找平层厚20mm	m²	8.57	6.44	7.74	0.30	0.70	0.34	0.00	15.52	133.01
	10-31	600×600米色抛光砖楼地面，周长2400mm以内密缝	m²	8.57	28.19	64.82	0.52	3.00	1.46	0.00	97.99	839.77
44	011102001003	石材楼地面（门口板）：①找平层厚度，砂浆配合比：20mm水泥砂浆找平层；②结合层厚度，砂浆配合比：1:2水泥砂浆；③面层材料品种、规格、颜色：20mm厚中国黑大理石门口板，磨单边；④防护层材料种类：石材防腐处理，石材磨小圆边	m²	0.20	216.95	296.59	0.67	22.56	11.00	0.00	547.77	109.55
	10-128	零星装饰项目：20mm厚中国黑大理石门口板	m²	0.2	79.53	138.48	0.37	8.29	4.04	0.00	230.71	46.14
	10-1	水泥砂浆找平层厚20mm	m²	0.2	6.44	7.74	0.30	0.70	0.34	0.00	15.52	3.10
	15-92	石材磨小圆边	100m	0.0378	693.00	636.87	0.00	71.82	35.00	0.00	1436.69	54.31
	综合价	石材六面防腐处理	m²	0.2	0.00	30.00	0.00	0.00	0.00	0.00	30.00	6.00
45	011302001003	吊顶天棚：T型铝合金龙骨，矿棉板天棚饰面	m²	34.42	22.95	51.28	0.00	2.38	1.16	0.00	77.77	2676.84
	12-21	T型铝合金龙骨	100m²	0.3442	1413.72	2863.59	0.00	146.51	71.40	0.00	4495.22	1547.25
	12-53	矿棉板天棚饰面	100m²	0.3442	881.10	2264.63	0.00	91.31	44.50	0.00	3281.54	1129.51

续表

序号	编号	名称	计量单位	数量	综合单价/元 人工费	材料费	机械费	管理费	利润	风险费用	小计	合计/元
46	011105003003	块料踢脚线：100mm高黑色抛光砖踢脚线、石材磨小圆边	m²	2.88	116.98	128.71	0.19	12.15	5.92	0.00	263.95	760.18
	10-66	100mm高黑色抛光砖踢脚线	m²	2.88	47.63	64.98	0.19	4.96	2.42	0.00	120.18	346.12
	15-92	石材磨小圆边	100m	0.2882	693.00	636.87	0.00	71.82	35.00	0.00	1436.69	414.05
47	011204003003	块料墙面：600×300白色墙面砖留缝2mm	m²	28.97	35.38	59.95	0.20	3.69	1.80	0.00	101.02	2926.55
	11-56	600×300白色墙面砖留缝2mm	100m²	0.2897	3538.26	5994.94	19.85	369.10	179.87	0.00	10102.02	2926.56
48	011502002003	木质装饰线：60×25实木线条木色收口	m	22.26	3.86	19.41	0.00	0.40	0.20	0.00	23.87	531.35
	15-73	60×25实木线条木色收口	m	22.26	3.86	19.41	0.00	0.40	0.20	0.00	23.87	531.35
49	011207001002	墙面装饰板：①基层材料种类、规格：18mm厚细木工板基层，防火涂料3遍；②面层材料品种、规格：12mm石膏板，板缝贴胶带、点锈，刷绿色乳胶漆留缝20mm	m²	1.67	52.23	67.79	0.04	5.42	2.64	0.00	128.12	213.96
	11-114	墙面夹板基层凹凸墙加层：细木工板 2440×1220×18	m²	1.67	15.05	42.73	0.04	1.57	0.77	0.00	60.16	100.47
	14-107换	其他板材面刷防火涂料3遍	m²	1.67	6.97	3.81	0.00	0.72	0.35	0.00	11.85	19.79
	12-44	每增加一层石膏板 12mm	100m²	0.0167	970.20	1636.64	0.00	100.55	49.00	0.00	2756.39	46.03
	14-117	板缝贴胶带、点锈	m²	1.67	2.25	1.03	0.00	0.23	0.11	0.00	3.62	6.05
	14-155+14-156×1换	墙、柱、天棚面乳胶漆3遍	m²	1.67	18.26	3.85	0.00	1.89	0.92	0.00	24.92	41.62
50	011407001004	墙面喷刷涂料：乳胶漆3遍	m²	55.40	18.26	3.85	0.00	1.89	0.92	0.00	24.92	1380.57

续表

序号	编号	名称	计量单位	数量	综合单价/元						合计/元
					人工费	材料费	机械费	管理费	利润	风险费用	小计	
	14-155换	墙、柱、天棚面乳胶漆3遍	m²	55.4	18.26	3.85	0.00	1.89	0.92	0.00	24.92	1380.57
51	011501001002	柜台：2000×2500输液室窗口：免漆板柜体（水曲柳），米色人造石台板，上面12mm钢化玻璃窗口，绿色抛光砖踢脚线	个	1	0.00	2500.00	0.00	0.00	0.00	0.00	2500.00	2500.00
	综合价	2000×2500输液室窗口：免漆板柜体（水曲柳），米色人造石台板，上面12mm钢化玻璃窗口，绿色抛光砖踢脚线	个	1	0.00	2500.00	0.00	0.00	0.00	0.00	2500.00	2500.00
52	011501001003	柜台：注射室窗口：免漆板柜体（水曲柳），米色人造石台板	m	2.05	0.00	750.00	0.00	0.00	0.00	0.00	750.00	1537.50
	综合价	注射室窗口：免漆板柜体（水曲柳），米色人造石台板	m	2.05	0.00	750.00	0.00	0.00	0.00	0.00	750.00	1537.50
53	011501006001	附墙柜：免漆板柜体（水曲柳），米色人造石台板	m²	5.62	0.00	600.00	0.00	0.00	0.00	0.00	600.00	3372.00
	综合价	免漆板柜体（水曲柳），米色人造石台板	m²	5.62	0.00	600.00	0.00	0.00	0.00	0.00	600.00	3372.00
54	010808001002	木门套：18mm厚细木工板基层，其他板材面刷防火涂料3遍，水曲柳饰面板，聚酯混漆3遍	m²	0.64	81.56	524.47	0.04	8.46	4.12	0.00	618.65	395.94
	13-122	细木工板门套基层：2440×122×18	m²	0.64	33.51	60.89	0.04	3.48	1.70	0.00	99.62	63.76
	14-107换	其他板材面刷防火涂料3遍	m²	0.64	6.97	3.81	0.00	0.72	0.35	0.00	11.85	7.58
	13-126	水曲柳门窗套面层（夹板基层）	100m²	0.0064	1706.76	2705.74	0.00	176.88	86.20	0.00	4675.58	29.92
	14-77	其他木材面聚酯混漆3遍	100m²	0.0064	2400.75	927.66	0.00	248.81	121.25	0.00	3698.47	23.67

续表

序号	编号	名称	计量单位	数量	综合单价/元							合计/元
					人工费	材料费	机械费	管理费	利润	风险费用	小计	
	综合价	60mm成品实木线条	m	10.84	0.00	25.00	0.00	0.00	0.00	0.00	25.00	271.00
		药库										18428.31
55	011102003005	块料楼地面：①找平层厚度、砂浆配合比：20mm水泥砂浆找平层；②结合层厚度、砂浆配合比：1：3水泥砂浆；③面层材料品种、规格、颜色：600×600米色抛光砖	m²	18.61	34.63	72.56	0.82	3.70	1.80	0.00	113.51	2112.42
	10-1	水泥砂浆找平层厚20mm	m²	18.61	6.44	7.74	0.30	0.70	0.34	0.00	15.52	288.83
	10-31	600×600米色抛光砖地面、周长2400mm以内密缝	m²	18.61	28.19	64.82	0.52	3.00	1.46	0.00	97.99	1823.59
56	011102001004	石材楼地面（门口板）：①找平层厚度、砂浆配合比：20mm水泥砂浆找平层；②结合层厚度、砂浆配合比：1：2水泥砂浆；③面层材料品种、规格、颜色：20mm厚中国黑大理石门口板，磨单边；④防护层材种类：石材防腐处理，石材磨小圆边	m²	0.34	135.70	221.92	0.67	14.14	6.89	0.00	379.32	128.97
	10-128	零星装饰项目：20mm厚中国黑大理石门口板	m²	0.34	79.53	138.48	0.37	8.29	4.04	0.00	230.71	78.44
	10-1	水泥砂浆找平层厚20mm	m²	0.34	6.44	7.74	0.30	0.70	0.34	0.00	15.52	5.28
	15-92	石材磨小圆边	100m	0.0244	693.00	636.87	0.00	71.82	35.00	0.00	1436.69	35.06
	综合价	石材六面防腐处理	m²	0.34	0.00	30.00	0.00	0.00	0.00	0.00	30.00	10.20
57	011302001004	吊顶天棚：T型铝合金龙骨、矿棉板天棚饰面	m²	17.56	22.95	51.28	0.00	2.38	1.16	0.00	77.77	1365.64

续表

序号	编号	名称	计量单位	数量	综合单价/元						合计/元
					人工费	材料费	机械费	管理费	利润	风险费用	小计	
58	12-21	T型铝合金龙骨	100m²	0.1756	1413.72	2863.59	0.00	146.51	71.40	0.00	4495.22	789.36
	12-53	矿棉板天棚饰面	100m²	0.1756	881.10	2264.63	0.00	91.31	44.50	0.00	3281.54	576.24
	010810002002	木窗帘盒材质，规格：18mm厚细木工板基层，12mm厚纸面石膏板、防火涂料3遍，板缝点锈，白色乳胶漆3遍	m²	1.58	83.01	74.09	0.02	8.61	4.19	0.00	169.92	268.47
	13-133	细木工板窗帘盒基层（直形、吸顶式）细木工板2440×1220×18	m²	1.58	45.83	49.03	0.02	4.76	2.32	0.00	101.96	161.10
	14-107换	其他板材面刷防火涂料3遍	m²	1.58	6.97	3.81	0.00	0.72	0.35	0.00	11.85	18.72
	12-44	每增加一层石膏板	m²	1.58	9.70	16.37	0.00	1.01	0.49	0.00	27.57	43.56
	14-117	板缝贴胶带、点锈	m²	1.58	2.25	1.03	0.00	0.23	0.11	0.00	3.62	5.72
	14-155+14-156×1换	墙、柱、天棚面乳胶漆3遍	100m²	0.0158	1825.56	384.64	0.00	189.19	92.20	0.00	2491.59	39.37
59	010810001002	窗帘（杆）：卷帘、含拉链、杆等一切费用	m²	11.28	0.00	50.00	0.00	0.00	0.00	0.00	50.00	564.00
	综合价	卷帘：含拉链、杆等一切费用	m²	11.28	0.00	50.00	0.00	0.00	0.00	0.00	50.00	564.00
60	011105003004	块料踢脚线：100mm高踢光砖踢脚线，石材磨小圆边	m²	1.77	116.89	128.63	0.19	12.14	5.92	0.00	263.77	466.87
	10-66	100mm高黑色抛光砖踢脚线	m²	1.77	47.63	64.98	0.19	4.96	2.42	0.00	120.18	212.72
	15-92	石材磨小圆边	100m	0.1769	693.00	636.87	0.00	71.82	35.00	0.00	1436.69	254.15
61	011407001005	墙面喷刷涂料：乳胶漆3遍	m²	44.44	18.26	3.85	0.00	1.89	0.92	0.00	24.92	1107.44

续表

序号	编号	名称	计量单位	数量	综合单价/元						合计/元
					人工费	材料费	机械费	管理费	利润	风险费用	小计	
	14-155换	墙、柱、天棚面乳胶漆3遍	m²	44.44	18.26	3.85	0.00	1.89	0.92	0.00	24.92	1107.44
62	010801002003	木质门带套:成品木曲柳板门定制(带门套),800×2200,包括手锁,合页,门吸,60mm实木线条等一切费用	樘	1	0.00	1056.00	0.00	0.00	0.00	0.00	1056.00	1056.00
	综合价	成品木曲柳板门定制(带门套),包括执手锁,合页,门吸,60mm实木线条等一切费用	m²	1.76	0.00	600.00	0.00	0.00	0.00	0.00	600.00	1056.00
63	011501001004	柜台:1680×2500药房窗口;免漆板柜体,米色人造石台板,上面12mm钢化玻璃窗口,黑钛不锈钢包边	个	1	0.00	2500.00	0.00	0.00	0.00	0.00	2500.00	2500.00
	综合价	1680×2500药房窗口:免漆板柜体,米色人造石台板,上面12mm钢化玻璃窗口,黑钛不锈钢包边	个	1	0.00	2500.00	0.00	0.00	0.00	0.00	2500.00	2500.00
64	011501018001	货架:免漆板柜体,详见A立面样式	m	7.39	0.00	650.00	0.00	0.00	0.00	0.00	650.00	4803.50
	综合价	免漆板柜体,详见A立面样式	m	7.39	0.00	650.00	0.00	0.00	0.00	0.00	650.00	4803.50
65	011501018002	货架:免漆板柜体制作,米色人造石大理石台面,免漆板吊柜制作	m	2.00	0.00	900.00	0.00	0.00	0.00	0.00	900.00	1800.00
	综合价	免漆板柜体制作,米色人造石大理石台面,免漆板吊柜制作	m	2	0.00	900.00	0.00	0.00	0.00	0.00	900.00	1800.00
66	011501011001	免漆板矮柜,详见D立面样式	m	4.51	0.00	500.00	0.00	0.00	0.00	0.00	500.00	2255.00
	综合价	免漆板矮柜,详见D立面样式	m	4.51	0.00	500.00	0.00	0.00	0.00	0.00	500.00	2255.00
		诊室(全科1)										7760.30

续表

序号	编号	名称	计量单位	数量	人工费	材料费	机械费	管理费	利润	风险费用	小计	合计/元
67	011102003006	块料楼地面：20mm水泥砂浆找平层厚度，砂浆配合比：①找平层厚度，砂浆配合比：1:3水泥砂浆；②结合层厚度，砂浆配合比；③面层材料品种、规格、颜色：600×600米色抛光砖	m²	16.90	34.63	72.56	0.82	3.70	1.80	0.00	113.51	1918.32
	10-1	水泥砂浆找平层厚20mm	m²	16.9	6.44	7.74	0.30	0.70	0.34	0.00	15.52	262.29
	10-31	600×600米色抛光砖地面，周长2400mm以内密缝	m²	16.9	28.19	64.82	0.52	3.00	1.46	0.00	97.99	1656.03
68	011102001005	石材楼地面（门口板）：①找平层厚度，砂浆配合比：20mm水泥砂浆找平层；②结合层厚度，砂浆配合比：1:2水泥砂浆；③面层材料品种、规格、颜色：20mm厚中国黑大理石门口板，磨单边；④防护层材料种类：石材防腐处理，石材磨小圆边	m²	0.20	220.41	299.77	0.67	22.92	11.17	0.00	554.94	110.99
	10-128	零星装饰项目：20mm厚中国黑大理石门口板	m²	0.2	79.53	138.48	0.37	8.29	4.04	0.00	230.71	46.14
	10-1	水泥砂浆找平层厚20mm	m²	0.2	6.44	7.74	0.30	0.70	0.34	0.00	15.52	3.10
	15-92	石材磨小圆边	100m	0.0388	693.00	636.87	0.00	71.82	35.00	0.00	1436.69	55.74
	综合价	石材六面防腐处理	m²	0.2	0.00	30.00	0.00	0.00	0.00	0.00	30.00	6.00
69	011302001005	吊顶天棚：T型铝合金龙骨，矿棉板天棚饰面	m²	16.05	22.95	51.28	0.00	2.38	1.16	0.00	77.77	1248.21
	12-21	T型铝合金龙骨	100m²	0.1605	1413.72	2863.59	0.00	146.51	71.40	0.00	4495.22	721.48
	12-53	矿棉板天棚饰面	100m²	0.1605	881.10	2264.63	0.00	91.31	44.50	0.00	3281.54	526.69

续表

序号	编号	名称	计量单位	数量	综合单价/元						合计/元
					人工费	材料费	机械费	管理费	利润	风险费用	小计	
70	010810002003	木窗帘盒材质、规格：18mm厚细木工板基层，12mm厚纸面石膏板，防火涂料3遍，板缝点锈，白色乳胶漆3遍	m²	1.71	83.01	74.09	0.02	8.61	4.19	0.00	169.92	290.56
	13-133	细木工板窗帘盒基层（直形吸顶式）：细木工板2440×1220×18	m²	1.71	45.83	49.03	0.02	4.76	2.32	0.00	101.96	174.35
	14-107换	其他板材面刷防火涂料3遍	m²	1.71	6.97	3.81	0.00	0.72	0.35	0.00	11.85	20.26
	12-44	每增加一层石膏板	m²	1.71	9.70	16.37	0.00	1.01	0.49	0.00	27.57	47.14
	14-117	板缝贴胶带、点锈	m²	1.71	2.25	1.03	0.00	0.23	0.11	0.00	3.62	6.19
	14-155+14-156×1换	墙、柱、天棚面乳胶漆3遍	100m²	0.0171	1825.56	384.64	0.00	189.19	92.20	0.00	2491.59	42.61
71	010810001003	窗帘（杆）：卷帘、含拉链、杆等一切费用	m²	10.69	0.00	50.00	0.00	0.00	0.00	0.00	50.00	534.50
	综合价	卷帘：含拉链、杆等一切费用	m²	10.69	0.00	50.00	0.00	0.00	0.00	0.00	50.00	534.50
72	011105003005	块料踢脚线：100mm高黑色抛光砖踢脚线、石材磨小圆边	m²	2.11	116.93	128.67	0.19	12.14	5.92	0.00	263.85	556.72
	10-66	100mm高黑色抛光砖踢脚线	m²	2.11	47.63	64.98	0.19	4.96	2.42	0.00	120.18	253.58
	15-92	石材磨小圆边	100m	0.211	693.00	636.87	0.00	71.82	35.00	0.00	1436.69	303.14
73	011204003004	块料墙面：600×300白色墙面砖留缝2mm	m²	1.81	35.38	59.95	0.20	3.69	1.80	0.00	101.02	182.85
	11-56	600×300白色墙面砖留缝2mm	100m²	0.0181	3538.26	5994.94	19.85	369.10	179.87	0.00	10102.02	182.85
74	011502002004	木质装饰线：60×25实木线条木色收口	m	1.51	3.86	19.41	0.00	0.40	0.20	0.00	23.87	36.04

续表

序号	编号	名称	计量单位	数量	综合单价/元						合计/元
					人工费	材料费	机械费	管理费	利润	风险费用	小计	
	15-73	60×25实木线条木色收口	m	1.51	3.86	19.41	0.00	0.40	0.20	0.00	23.87	36.04
75	011407001006	墙面喷刷涂料：白色乳胶漆3遍	m²	48.87	18.26	3.85	0.00	1.89	0.92	0.00	24.92	1217.84
	14-155换	墙、柱、天棚面刷乳胶漆3遍	m²	48.87	18.26	3.85	0.00	1.89	0.92	0.00	24.92	1217.84
76	010808001003	木门套：18mm厚细木工板基层，其他板材面刷防火涂料3遍，水曲柳饰面板聚酯混漆3遍	m²	0.78	81.56	516.42	0.04	8.46	4.12	0.00	610.60	476.27
	13-122	细木工板门套基层：细木工板2440×122×18	m²	0.78	33.51	60.89	0.04	3.48	1.70	0.00	99.62	77.70
	14-107换	其他板材面刷防火涂料3遍	m²	0.78	6.97	3.81	0.00	0.72	0.35	0.00	11.85	9.24
	13-126	水曲柳套面层（夹板基层）	100m²	0.0078	1706.76	2705.74	0.00	176.88	86.20	0.00	4675.58	36.47
	14-77	其他木材面聚酯混漆3遍	100m²	0.0078	2400.75	927.66	0.00	248.81	121.25	0.00	3698.47	28.85
	综合价	60mm成品实木线条	m	12.96	0.00	25.00	0.00	0.00	0.00	0.00	25.00	324.00
77	010801002004	木质门带门套：成品水曲柳板门定制（带门套），900×2200，包括执手锁、合页、门吸、60mm实木线条等一切费用	樘	1	0.00	1188.00	0.00	0.00	0.00	0.00	1188.00	1188.00
	综合价	成品水曲柳板门定制（带门套），包括执手锁、合页、门吸、60mm实木线条等一切费用	m²	1.98	0.00	600.00	0.00	0.00	0.00	0.00	600.00	1188.00
		诊室（全科2）										6844.30

续表

序号	编号	名称	计量单位	数量	综合单价/元						合计/元
					人工费	材料费	机械费	管理费	利润	风险费用	小计	
78	011102003007	块料楼地面：①找平层厚度，砂浆配合比：20mm水泥砂浆找平层；②结合层厚度，砂浆配合比：1：3水泥砂浆；③面层材料品种、规格、颜色：600×600米色抛光砖	m²	18.00	34.63	72.56	0.82	3.70	1.80	0.00	113.51	2043.18
	10-1	水泥砂浆找平层厚20mm	m²	18	6.44	7.74	0.30	0.70	0.34	0.00	15.52	279.36
	10-31	600×600米色抛光楼地面 周长2400mm以内密缝	m²	18	28.19	64.82	0.52	3.00	1.46	0.00	97.99	1763.82
79	011102001006	石材楼地面（门口板）：①找平层厚度，砂浆配合比：20mm水泥砂浆找平层；②结合层厚度，砂浆配合比：1：2水泥砂浆；③面层材料品种、规格、颜色：20mm厚中国黑大理石门口板，磨单边；④防护层材料种类：石材防腐处理，石材磨小圆边	m²	0.11	214.49	294.33	0.67	22.31	10.87	0.00	542.67	59.69
	10-128	零星装饰项目：20mm厚中国黑大理石门口板	m²	0.11	79.53	138.48	0.37	8.29	4.04	0.00	230.71	25.38
	10-1	水泥砂浆找平层厚20mm	m²	0.11	6.44	7.74	0.30	0.70	0.34	0.00	15.52	1.71
	15-92	石材磨小圆边	100m	0.0204	693.00	636.87	0.00	71.82	35.00	0.00	1436.69	29.31
	综合价	石材六面防腐处理	m²	0.11	0.00	30.00	0.00	0.00	0.00	0.00	30.00	3.30
80	011302001006	吊顶天棚：T型铝合金龙骨，矿棉板天棚饰面	m²	18.00	22.95	51.28	0.00	2.38	1.16	0.00	77.77	1399.86
	12-21	T型铝合金龙骨	100m²	0.18	1413.72	2863.59	0.00	146.51	71.40	0.00	4495.22	809.14
	12-53	矿棉板天棚饰面	100m²	0.18	881.10	2264.63	0.00	91.31	44.50	0.00	3281.54	590.68

续表

序号	编号	名称	计量单位	数量	综合单价/元						合计/元
					人工费	材料费	机械费	管理费	利润	风险费用	小计	
81	011105003006	块料踢脚线：100mm高黑色抛光砖踢脚线，石材磨小圆边	m²	1.90	116.86	128.60	0.19	12.13	5.92	0.00	263.70	501.03
	10—66	100mm高黑色抛光砖踢脚线	100m	1.9	47.63	64.98	0.19	4.96	2.42	0.00	120.18	228.34
	15—92	石材磨小圆边	100m	0.1898	693.00	636.87	0.00	71.82	35.00	0.00	1436.69	272.68
82	011204003005	块料墙面：600×300白色墙面砖留缝2mm	m²	1.81	35.38	59.95	0.20	3.69	1.80	0.00	101.02	182.85
	11—56	600×300白色墙面砖留缝2mm	100m²	0.0181	3538.26	5994.94	19.85	369.10	179.87	0.00	10102.02	182.85
83	011502002005	木质装饰线：60×25实木线条木色收口	m	1.51	3.86	19.41	0.00	0.40	0.20	0.00	23.87	36.04
	15—73	60×25实木线条木色收口	m	1.51	3.86	19.41	0.00	0.40	0.20	0.00	23.87	36.04
84	011407001007	墙面喷刷涂料：乳胶漆3遍	m²	57.53	18.26	3.85	0.00	1.89	0.92	0.00	24.92	1433.65
	14—155换	墙、柱、天棚面乳胶漆3遍	m²	57.53	18.26	3.85	0.00	1.89	0.92	0.00	24.92	1433.65
85	010801002005	木质门带套：成品水曲柳板门定制（带门套），900×2200，包括执手锁、合页、门吸、60mm实木线条等一切费用	樘	1	0.00	1188.00	0.00	0.00	0.00	0.00	1188.00	1188.00
	综合价	成品水曲柳板门定制（带门套），包括执手锁、合页、门吸、60mm实木线条等一切费用	樘	1.98	0.00	600.00	0.00	0.00	0.00	0.00	600.00	1188.00
		诊灸室（针灸室）										5091.09
86	011102003008	块料楼地面：①找平层厚度，砂浆层厚度，砂浆配合比：20mm水泥砂浆找平层；②结合层厚度，砂浆配合比：1:3水泥砂浆；③面层材料品种、规格、颜色：600×600米色抛光砖	m²	12.12	34.63	72.56	0.82	3.70	1.80	0.00	113.51	1375.74

续表

序号	编号	名称	计量单位	数量	综合单价/元							合计/元
					人工费	材料费	机械费	管理费	利润	风险费用	小计	
	10-1	水泥砂浆找平层厚20mm	m²	12.12	6.44	7.74	0.30	0.70	0.34	0.00	15.52	188.10
	10-31	600×600米色抛光砖楼地面，周长2400mm以内密缝	m²	12.12	28.19	64.82	0.52	3.00	1.46	0.00	97.99	1187.64
87	011102001007	石材楼地面（门口板）：①找平层厚度、砂浆配合比：20mm水泥砂浆找平层；②结合层厚度、砂浆配合比：1:2水泥砂浆；③面层厚度、品种、规格、颜色：20mm厚中国黑大理石材料种类：石材防腐处理、石材磨单边、石材磨小圆边	m²	0.10	213.48	293.40	0.67	22.20	10.82	0.00	540.57	54.06
	10-128	零星装饰项目：20mm厚中国黑大理石门口板	m²	0.1	79.53	138.48	0.37	8.29	4.04	0.00	230.71	23.07
	10-1	水泥砂浆找平层厚20mm	m²	0.1	6.44	7.74	0.30	0.70	0.34	0.00	15.52	1.55
	15-92	石材磨小圆边	100m	0.0184	693.00	636.87	0.00	71.82	35.00	0.00	1436.69	26.44
	综合价	石材六面防腐处理	m²	0.1	0.00	30.00	0.00	0.00	0.00	0.00	30.00	3.00
88	011302001007	吊顶天棚:T型铝合金龙骨，矿棉板天棚饰面	m²	12.12	22.95	51.28	0.00	2.38	1.16	0.00	77.77	942.57
	12-21	T型铝合金龙骨	100m²	0.1212	1413.72	2863.59	0.00	146.51	71.40	0.00	4495.22	544.82
	12-53	矿棉板天棚饰面	100m²	0.1212	881.10	2264.63	0.00	91.31	44.50	0.00	3281.54	397.72
89	011105003007	块料踢脚线:100mm高黑色抛光砖踢脚线、石材磨小圆边	m²	1.35	116.72	128.48	0.19	12.12	5.91	0.00	263.42	355.62
	10-66	100mm高黑色抛光砖踢脚线	m²	1.35	47.63	64.98	0.19	4.96	2.42	0.00	120.18	162.24
	15-92	石材磨小圆边	100m	0.1346	693.00	636.87	0.00	71.82	35.00	0.00	1436.69	193.38

续表

序号	编号	名称	计量单位	数量	综合单价/元					合计/元
					人工费	材料费	机械费	管理费	利润	风险费用	小计	

序号	编号	名称	计量单位	数量	人工费	材料费	机械费	管理费	利润	风险费用	小计	合计/元
90	011407001008	墙面喷刷涂料：乳胶漆3遍	m²	42.48	18.26	3.85	0.00	1.89	0.92	0.00	24.92	1058.60
	14-155换	墙、柱、天棚面乳胶漆3遍	m²	42.48	18.26	3.85	0.00	1.89	0.92	0.00	24.92	1058.60
91	01B002	窗帘轨道：窗帘轨道	m	7.10	0.00	35.00	0.00	0.00	0.00	0.00	35.00	248.50
	综合价	窗帘轨道	m	7.1	0.00	35.00	0.00	0.00	0.00	0.00	35.00	248.50
92	010801002006	木质门带套：成品水曲柳板门定制（带门套），800×2200，包括执手锁、合页、门吸、60mm实木线条等一切费用	樘	1	0.00	1056.00	0.00	0.00	0.00	0.00	1056.00	1056.00
	综合价	成品水曲柳板门定制（带门套），包括执手锁、合页、门吸、60mm实木线条等一切费用	m²	1.76	0.00	600.00	0.00	0.00	0.00	0.00	600.00	1056.00
		档案室										2985.90
93	011102003009	块料楼地面：①找平层厚度、砂浆配合比：20mm水泥砂浆找平层；②结合层厚度、砂浆配合比：1：3水泥砂浆；③面层材料品种、规格、颜色：600×600mm色抛光砖	m²	5.12	34.63	72.56	0.82	3.70	1.80	0.00	113.51	581.17
	10-1	水泥砂浆找平层厚20mm	m²	5.12	6.44	7.74	0.30	0.70	0.34	0.00	15.52	79.46
	10-31	600×600米色抛光砖地面，周长2400mm以内密缝	m²	5.12	28.19	64.82	0.52	3.00	1.46	0.00	97.99	501.71

续表

序号	编号	名称	计量单位	数量	综合单价/元						合计/元
					人工费	材料费	机械费	管理费	利润	风险费用	小计	
94	011102001008	石材楼地面（门口板）：①找平层厚度、砂浆配合比：20mm水泥砂浆找平层；②结合层厚度、砂浆配合比：1:2水泥砂浆；③面层厚度、品种、规格、颜色：20mm厚中国黑大理石门口板，磨单边；④防护层材料种类：石材防腐处理，石材磨小圆边	m²	0.10							540.57	54.06
	10-128	零星装饰项目：20mm厚中国大理石门口板	m²	0.1	213.48	293.40	0.67	22.20	10.82	0.00	230.71	23.07
	10-1	水泥砂浆找平层厚20mm	m²	0.1	79.53	138.48	0.37	8.29	4.04	0.00	15.52	1.55
	15-92	石材磨小圆边	100m	0.0184	6.44	7.74	0.30	0.70	0.34	0.00	1436.69	26.44
	综合价	石材六面防腐处理	m²	0.1	693.00	636.87	0.00	71.82	35.00	0.00	30.00	3.00
95	011302001008	吊顶天棚:T型铝合金龙骨，矿棉板天棚饰面	m²	5.12	0.00	30.00	0.00	0.00	0.00	0.00	77.77	398.18
	12-21	T型铝合金龙骨	100m²	0.0512	22.95	51.28	0.00	2.38	1.16	0.00	4495.22	230.16
	12-53	矿棉板天棚饰面	100m²	0.0512	1413.72	2863.59	0.00	146.51	71.40	0.00	3281.54	168.01
96	011105003008	块料踢脚线:100mm高黑色抛光砖踢脚线，石材磨小圆边	m²	0.92	881.10	2264.63	0.00	91.31	44.50	0.00	263.69	242.59
	10-66	100mm高黑色抛光砖踢脚线	100m	0.92	116.85	128.60	0.19	12.13	5.92	0.00	120.18	110.57
	15-92	石材磨小圆边	100m	0.0919	47.63	64.98	0.19	4.96	2.42	0.00	1436.69	132.03
97	011407001009	墙面喷刷涂料：乳胶漆3遍	m²	26.24	693.00	636.87	0.00	71.82	35.00	0.00	24.92	653.90
	14-155换	墙、柱、天棚面乳胶漆3遍	m²	26.24	18.26	3.85	0.00	1.89	0.92	0.00	24.92	653.90

续表

序号	编号	名称	计量单位	数量	综合单价/元						合计/元
					人工费	材料费	机械费	管理费	利润	风险费用	小计	
98	010801002007	木质门带门套：成品木曲柳板门定制（带门套），800×2200，包括执手锁、合页、门吸、60mm实木线条等一切费用	樘	1	0.00	1056.00	0.00	0.00	0.00	0.00	1056.00	1056.00
	综合价	成品木曲柳板门定制（带门套），包括执手锁、合页、门吸、60mm实木线条等一切费用	m²	1.76	0.00	600.00	0.00	0.00	0.00	0.00	600.00	1056.00
		留观室										4360.31
99	011102003010	块料楼地面：①找平层厚度、砂浆配合比：20mm水泥砂浆找平层；②结合层厚度、砂浆配合比：1：3水泥砂浆；③面层材料品种、规格、颜色：600×600米色抛光砖	m²	11.90	34.63	72.56	0.82	3.70	1.80	0.00	113.51	1350.77
	10-1	水泥砂浆找平层厚20mm	m²	11.9	6.44	7.74	0.30	0.70	0.34	0.00	15.52	184.69
	10-31	600×600米色抛光砖地面、周长2400mm以内密缝	m²	11.9	28.19	64.82	0.52	3.00	1.46	0.00	97.99	1166.08
100	011102001009	石材楼地面（门口板）：①找平层厚度、砂浆配合比：20mm水泥砂浆找平层；②结合层厚度、砂浆配合比：1：2水泥砂浆；③面层材料品种、规格、颜色：20mm厚中国黑大理石门口板，磨单边；④防护层材料种类、石材防腐处理、石材磨小圆边	m²	0.25	151.39	236.34	0.67	15.77	7.68	0.00	411.85	102.96
		零星装饰项目：20mm厚中国黑大理石门口板	m²	0.25	79.53	138.48	0.37	8.29	4.04	0.00	230.71	57.68
	10-1	水泥砂浆找平层厚20mm	m²	0.25	6.44	7.74	0.30	0.70	0.34	0.00	15.52	3.88
	15-92	石材磨小圆边	100m	0.0236	693.00	636.87	0.00	71.82	35.00	0.00	1436.69	33.91

续表

序号	编号	名称	计量单位	数量	综合单价/元 人工费	材料费	机械费	管理费	利润	风险费用	小计	合计/元
	综合价	石材六面防腐处理	m²	0.25	0.00	30.00	0.00	0.00	0.00	0.00	30.00	7.50
101	011302001009	吊顶天棚:T型铝合金龙骨,矿棉板天棚饰面	m²	11.90	22.95	51.28	0.00	2.38	1.16	0.00	77.77	925.46
	12-21	T型铝合金龙骨	100m²	0.119	1413.72	2863.59	0.00	146.51	71.40	0.00	4495.22	534.93
	12-53	矿棉板天棚饰面	100m²	0.119	881.10	2264.63	0.00	91.31	44.50	0.00	3281.54	390.50
102	011105003009	块料踢脚线:100mm高黑色抛光砖踢脚线、石材磨小圆边	m²	1.30	116.72	128.47	0.19	12.12	5.91	0.00	263.41	342.43
	10-66	100mm高黑色抛光砖踢脚线	m²	1.3	47.63	64.98	0.19	4.96	2.42	0.00	120.18	156.23
	15-92	石材磨小圆边	100m	0.1296	693.00	636.87	0.00	71.82	35.00	0.00	1436.69	186.20
103	011407001010	墙面喷刷涂料:乳胶漆3遍	m²	43.53	18.26	3.85	0.00	1.89	0.92	0.00	24.92	1084.77
	14-155换	墙、柱、天棚面乳胶漆3遍	m²	43.53	18.26	3.85	0.00	1.89	0.92	0.00	24.92	1084.77
104	010808001004	木门套:18mm厚细木工板基层,其他板材面刷防火涂料3遍,水曲柳饰面板聚酯混漆3遍	m²	1.48	81.56	280.09	0.04	8.46	4.12	0.00	374.27	553.92
	13-122	细木工板门套基层:2440×122×18	m²	1.48	33.51	60.89	0.04	3.48	1.70	0.00	99.62	147.44
	14-107换	其他板面刷防火涂料3遍	m²	1.48	6.97	3.81	0.00	0.72	0.35	0.00	11.85	17.54
	13-126	水曲柳门窗套面层(夹板基层)	100m²	0.0148	1706.76	2705.74	0.00	176.88	86.20	0.00	4675.58	69.20
	14-77	其他木材面聚酯混漆3遍	100m²	0.0148	2400.75	927.66	0.00	248.81	121.25	0.00	3698.47	54.74
	综合价	60mm成品实木线条	m	10.6	0.00	25.00	0.00	0.00	0.00	0.00	25.00	265.00

续表

序号	编号	名称	计量单位	数量	综合单价/元						合计/元
					人工费	材料费	机械费	管理费	利润	风险费用	小计	
		餐厅										8209.64
105	011102003011	块料楼地面：①找平层厚度、砂浆配合比：20mm水泥砂浆找平层；②结合层厚度、砂浆配合比：1:3水泥砂浆；③面层材料品种、规格、颜色：600×600米色抛光砖	m²	13.50	34.63	72.56	0.82	3.70	1.80	0.00	113.51	1532.39
	10-1	水泥砂浆找平层厚20mm	m²	13.5	6.44	7.74	0.30	0.70	0.34	0.00	15.52	209.52
	10-31	600×600米色抛光砖地面，周长2400mm以内密缝	m²	13.5	28.19	64.82	0.52	3.00	1.46	0.00	97.99	1322.87
106	011102001010	石材楼地面（门口板）：①找平层厚度、砂浆配合比：20mm水泥砂浆找平层；②结合层厚度、砂浆配合比：1:2水泥砂浆；③面层材料品种、规格、颜色：20mm厚中国黑大理石门口板边，石材磨小圆边，④防护层材料种类：石材防腐处理	m²	0.19	161.84	245.94	0.67	16.85	8.21	0.00	433.51	82.37
	10-128	零星装饰项目：20mm厚中国黑大理石门口板	m²	0.19	79.53	138.48	0.37	8.29	4.04	0.00	230.71	43.83
	10-1	水泥砂浆找平层厚20mm	m²	0.19	6.44	7.74	0.30	0.70	0.34	0.00	15.52	2.95
	15-92	石材磨小圆边	100m	0.0208	693.00	636.87	0.00	71.82	35.00	0.00	1436.69	29.88
	综合价	石材六面防腐处理	m²	0.19	0.00	30.00	0.00	0.00	0.00	0.00	30.00	5.70
107	011302001010	吊顶天棚：T型铝合金龙骨，矿棉板天棚饰面	m²	12.96	22.95	51.28	0.00	2.38	1.16	0.00	77.77	1007.90
	12-21	T型铝合金龙骨	100m²	0.1296	1413.72	2863.59	0.00	146.51	71.40	0.00	4495.22	582.58

续表

序号	编号	名称	计量单位	数量	综合单价/元						合计/元
					人工费	材料费	机械费	管理费	利润	风险费用	小计	
	12-53	矿棉板天棚饰面	100m²	0.1296	881.10	2264.63	0.00	91.31	44.50	0.00	3281.54	425.29
108	010810002004	木窗帘盒材质：18mm厚细木工板基层，12mm厚纸面石膏板，防火涂料3遍，板缝点锈、白色乳胶漆3遍	m²	1.18	83.01	74.09	0.02	8.61	4.19	0.00	169.92	200.51
	13-133	细木工板窗帘盒基层（直形，吸顶式）：细木工板2440×1220×18	m²	1.18	45.83	49.03	0.02	4.76	2.32	0.00	101.96	120.31
	14-107换	其他板材面刷防火涂料3遍	m²	1.18	6.97	3.81	0.00	0.72	0.35	0.00	11.85	13.98
	12-44	每增加一层石膏板	m²	1.18	9.70	16.37	0.00	1.01	0.49	0.00	27.57	32.53
	14-117	板缝贴胶带，点锈	m²	1.18	2.25	1.03	0.00	0.23	0.11	0.00	3.62	4.27
	14-155+14-156×1换	墙、柱、天棚面乳胶漆3遍	100m²	0.0118	1825.56	384.64	0.00	189.19	92.20	0.00	2491.59	29.40
109	01081000001004	窗帘（杆）：卷帘，含拉链、杆等一切费用	m²	7.31	0.00	50.00	0.00	0.00	0.00	0.00	50.00	365.50
	综合价	卷帘：含拉链、杆等一切费用	m²	7.31	0.00	50.00	0.00	0.00	0.00	0.00	50.00	365.50
110	01110500030010	块料踢脚线：100mm高黑色抛光瓷砖踢脚线，石材磨光小圆边	m²	1.32	116.83	128.57	0.19	12.13	5.91	0.00	263.63	347.99
	10-66	100mm高黑色抛光瓷砖踢脚线	m²	1.32	47.63	64.98	0.00	4.96	2.42	0.00	120.18	158.64
	15-92	石材磨光小圆边	100m	0.1318	693.00	636.87	0.00	71.82	35.00	0.00	1436.69	189.36
111	01140700010011	墙面喷刷涂料：乳胶漆3遍	m²	35.05	18.26	3.85	0.00	1.89	0.92	0.00	24.92	873.45
	14-155换	墙、柱、天棚面乳胶漆3遍	m²	35.05	18.26	3.85	0.00	1.89	0.92	0.00	24.92	873.45

续表

序号	编号	名称	计量单位	数量	综合单价/元						合计/元
					人工费	材料费	机械费	管理费	利润	风险费用	小计	
112	010801002008	木质门带门套:成品水曲柳板门定制(带门套),800×2200,包括执手锁、合页、门吸、60mm实木线条等一切费用	樘	1	0.00	1056.00	0.00	0.00	0.00	0.00	1056.00	1056.00
	综合价	成品水曲柳板门定制(带门套),包括执手锁、合页、门吸、60mm实木线条等一切费用	m²	1.76	0.00	600.00	0.00	0.00	0.00	0.00	600.00	1056.00
113	011210003003	玻璃隔断:12mm厚钢化玻璃隔断	m²	7.31	39.90	150.57	0.00	4.13	2.02	0.00	196.62	1437.29
	11-187	玻璃隔断(全玻):钢化玻璃Φ12	100m²	0.0731	3989.70	15056.86	0.00	413.48	201.50	0.00	19661.54	1437.26
114	010808004004	金属门窗套:木龙骨18mm细木工板基层,刷防火涂料3遍,1.2mm黑钛不锈钢板,折边费	m²	2.63	76.97	407.80	0.03	7.98	3.89	0.00	496.67	1306.24
	13-121	五夹板木龙骨窗套基层:细木工板 2440×1220×18	100m²	0.0263	2214.63	6019.67	2.94	230.19	112.18	0.00	8579.61	225.64
	14-109+14-110×1换	墙、柱面木龙骨面刷防火涂料3遍	100m²	0.0263	1139.49	355.27	0.00	118.09	57.55	0.00	1670.40	43.93
	14-107换	其他板材面刷防火涂料3遍	m²	2.63	6.97	3.81	0.00	0.72	0.35	0.00	11.85	31.17
	13-132	黑钛不锈钢板金属门窗套	100m²	0.0263	3646.17	29856.69	0.00	377.88	184.15	0.00	34064.89	895.91
	综合价	折边费	m	10.96	0.00	10.00	0.00	0.00	0.00	0.00	10.00	109.60
		男卫、女卫、餐厅卫生间										21984.99

续表

序号	编号	名称	计量单位	数量	综合单价/元							合计/元
					人工费	材料费	机械费	管理费	利润	风险费用	小计	
115	011102003012	块料楼地面：①找平层厚度、砂浆配合比：20mm水泥砂浆找平层；②结合层厚度、砂浆配合比：1:3水泥砂浆；③面层材料品种、规格、颜色：800×800灰色抛光砖	m²	3.60	34.99	83.51	0.82	3.74	1.82	0.00	124.88	449.57
	10-1	水泥砂浆找平层厚20mm	m²	3.6	6.44	7.74	0.30	0.70	0.34	0.00	15.52	55.87
	10-32	800×800灰色抛光砖地面，周长2400mm以上密缝	100m²	0.036	2855.16	7576.83	52.30	303.90	148.10	0.00	10936.29	393.71
116	011102003013	块料楼地面：①找平层厚度、砂浆配合比：20mm水泥砂浆找平层；②结合层厚度、砂浆配合比：1:3水泥砂浆；③面层材料品种、规格、颜色：300×300防滑地砖	m²	14.64	52.91	132.70	0.87	5.69	2.78	0.00	194.95	2854.07
	10-1	水泥砂浆找平层厚20mm	m²	14.64	6.44	7.74	0.30	0.70	0.34	0.00	15.52	227.21
	10-29	防滑地砖地楼面300×300	m²	14.64	40.61	59.67	0.57	4.30	2.10	0.00	107.25	1570.14
	7-77	水乳型防水涂料JS厚2.0mm以内平面	m²	18.435	4.65	51.85	0.00	0.55	0.27	0.00	57.32	1056.69
117	011102001011	石材楼地面（门口板）：①找平层厚度、砂浆配合比：20mm水泥砂浆找平层；②结合层厚度、砂浆配合比：1:2水泥砂浆；③面层材料品种、规格、颜色：20mm厚中国黑大理石门口板，磨边；④防护层材料种类：石材防腐处理，石材磨小圆边	m²	0.29	217.88	297.44	0.67	22.66	11.04	0.00	549.69	159.41
	10-128	零星装饰项目：20mm厚中国黑大理石门口板	m²	0.29	79.53	138.48	0.37	8.29	4.04	0.00	230.71	66.91
	10-1	水泥砂浆找平层厚20mm	m²	0.29	6.44	7.74	0.30	0.70	0.34	0.00	15.52	4.50

续表

序号	编号	名称	计量单位	数量	综合单价/元						小计	合计/元
					人工费	材料费	机械费	管理费	利润	风险费用		
	15-92	石材磨小圆边	100m	0.0552	693.00	636.87	0.00	71.82	35.00	0.00	1436.69	79.31
	综合价	石材六面防腐处理	m²	0.29	0.00	30.00	0.00	0.00	0.00	0.00	30.00	8.70
118	011302001011	吊顶天棚:T型铝合金龙骨,矿棉板天棚饰面	m²	3.60	22.95	51.28	0.00	2.38	1.16	0.00	77.77	279.97
	12-21	T型铝合金龙骨	100m²	0.036	1413.72	2863.59	0.00	146.51	71.40	0.00	4495.22	161.83
	12-53	矿棉板天棚饰面	100m²	0.036	881.10	2264.63	0.00	91.31	44.50	0.00	3281.54	118.14
119	011302001012	吊顶天棚:木龙骨基层,刷防火涂料3遍,塑钢扣板	m²	14.64	43.70	111.26	0.02	4.53	2.21	0.00	161.72	2367.58
	12-7	平面单层:方木天棚龙骨	100m²	0.1464	1287.00	3122.86	2.27	133.90	65.25	0.00	4611.28	675.09
	14-113+14-114×1换	天棚骨架:方木骨架刷防火涂料3遍	100m²	0.1464	1783.98	595.82	0.00	184.89	90.10	0.00	2654.79	388.66
	12-54	塑钢扣板	100m²	0.1464	1298.88	7407.29	0.00	134.61	65.60	0.00	8906.38	1303.89
120	011204003006	块料墙面:600×300白色墙面砖留缝2mm	m²	72.49	35.38	59.95	0.20	3.69	1.80	0.00	101.02	7322.94
	11-56	600×300白色墙面砖白色18抗倍特板留缝2mm	100m²	0.7249	3538.26	5994.94	19.85	369.10	179.87	0.00	10102.02	7322.95
121	011210006001	其他隔断:成品米白色18抗倍特板隔断	m²	12.72	0.00	180.00	0.00	0.00	0.00	0.00	180.00	2289.60
	综合价	成品米白色18抗倍特板隔断	m²	12.72	0.00	180.00	0.00	0.00	0.00	0.00	180.00	2289.60
122	011505001001	洗漱台:20mm厚白麻花岗石台面,侧板,20×40钢结构基层,磨边,开孔	m²	2.46	171.00	225.60	0.00	17.72	8.64	0.00	422.96	1040.48
	15-48	白麻花岗石洗漱台(台下盆)	100m²	0.246	1382.04	2059.54	0.00	143.23	69.80	0.00	3654.61	899.03
	15-92	石材磨小圆边	100m	0.065	693.00	636.87	0.00	71.82	35.00	0.00	1436.69	93.38

续表

序号	编号	名称	计量单位	数量	综合单价/元						合计/元
					人工费	材料费	机械费	管理费	利润	风险费用	小计
123	15-95	石材台面开孔（直径60cm以下）	10只	0.2	178.20	34.65	0.00	18.47	9.00	0.00	240.32	48.06
	011505010001	镜面玻璃：20mm黑钛不锈钢银镜	m²	2.20	31.58	91.43	0.00	3.27	1.60	0.00	127.88	281.34
	15-51	带金属框镜面玻璃	100m²	0.22	315.81	914.32	0.00	32.73	15.95	0.00	1278.81	281.34
124	01B003	混凝土蹲坑：水泥砂浆面层大便坑C10(40)	个	2	40.50	66.70	0.40	4.85	2.37	0.00	114.82	229.64
	9-39	水泥砂浆面层大便坑C10(40)	10只	0.2	405.00	666.97	4.04	48.53	23.65	0.00	1148.19	229.64
125	011210003004	玻璃隔断：淋浴房隔断	m²	1.98	0.00	350.00	0.00	0.00	0.00	0.00	350.00	693.00
	综合价	淋浴房隔断	m²	1.98	0.00	350.00	0.00	0.00	0.00	0.00	350.00	693.00
126	010801002009	木质门带套：成品水曲柳板门定制（带门套），800×2200，包括执手锁、合页、门吸、60mm实木线条等一切费用	樘	3	0.00	1056.00	0.00	0.00	0.00	0.00	1056.00	3168.00
	综合价	成品水曲柳板门定制（带门套），包括执手锁、合页、门吸、60mm实木线条等一切费用	樘	5.28	0.00	600.00	0.00	0.00	0.00	0.00	600.00	3168.00
127	010807001001	金属（塑钢、断桥）窗：铝合金推拉窗安装	m²	3.85	20.24	197.26	0.00	2.10	1.02	0.00	220.62	849.39
	13-99	铝合金推拉窗安装	100m²	0.0385	2023.56	19726.32	0.00	209.71	102.20	0.00	22061.79	849.38
合计												207099.72

表3-5 措施项目清单综合单价计算表

单位(专业)工程名称：××社区卫生服务站装修工程 装修工程

序号	编号	名称	计量单位	数量	综合单价/元						合计/元
					人工费	材料费	机械费	管理费	利润	风险费用	小计	
1	011702025001	其他现浇构件：翻边模板	m^2	3.46	24.00	23.48	1.02	3.00	1.46	0.00	52.96	183.24
	4-199	现浇砼小型构件模板	$100m^2$	0.0346	2400.00	2348.36	101.50	299.62	146.02	0.00	5295.50	183.22
2	010510003002	过梁：预制圈、过梁模板	m^3	0.55	121.50	39.18	0.21	14.34	6.99	0.00	182.22	100.22
	4-351	预制圈、过梁模板	$100m^3$	0.055	1215.00	391.76	2.11	143.42	69.90	0.00	1822.19	100.22
3	011701006001	满堂脚手架：满堂脚手架基本层3.6～5.2m，天棚饰面脚手架	m^2	210.38	4.37	0.41	0.32	0.57	0.28	0.00	5.95	1251.76
	16-40×A0.6B0.3换	满堂脚手架基本层3.6～5.2m，天棚饰面脚手架	$100m^2$	2.1038	436.95	40.66	31.86	56.62	27.59	0.00	593.68	1248.98
4	011701002001	外脚手架：外墙脚手架，高度7m内	m^2	90.79	4.95	3.11	0.85	0.72	0.35	0.00	9.98	906.08
	16-29	外墙脚手架，高度7m内	$100m^2$	0.9079	495.00	310.98	84.97	72.15	35.16	0.00	998.26	906.32
合计												2441.30

表3-6 施工组织措施项目清单与计价表

单位(专业)工程名称:××社区卫生服务站装修工程-装修工程

序号	项 目 名 称	计算基数	费率/%	金额/元
1	安全文明施工费(含扬尘防治增加费)	人工费+机械费	7.87	2116.57
2	其他组织措施费			24.21
2.1	冬雨季施工增加费	人工费+机械费	0	0.00
2.2	夜间施工增加费	人工费+机械费	0	0.00
2.3	已完工程及设备保护费	人工费+机械费	0.05	13.45
2.4	二次搬运费	人工费+机械费	0	0.00
2.5	行车、行人干扰费增加费	人工费+机械费	0	0.00
2.6	提前竣工增加费	人工费+机械费	0	0.00
2.7	工程定位复测费	人工费+机械费	0.04	10.76
2.8	特殊地区施工增加费	人工费+机械费	0	0.00
2.9	其他施工组织措施费	按相关规定计算	0	0.00
	合 计			2140.78

表3-7 主要材料价格表

单位(专业)工程名称:××社区卫生服务站装修工程-装修工程

序号	编码	材料名称	规格型号	单位	数量	单价/元	备注
1	0121011	角钢		kg	69.507	3.9224	
2	0123001	型钢		t	0.026	4138	
3	0129021	中厚钢板		t	0.051	4095	
4	0129611	黑钛不锈钢板	1.2	m²	18.524	265	
5	0129613	白铁板	1	m²	18.750	40	
6	0153071	铝合金型材	∟25.4×25.4×1	kg	1.489	17.241	
7	0161001	锌	99.99%	kg	70.110	21.121	
8	0341013	电焊条	E43系列	kg	22.548	6.03	
9	0351001	圆钉		kg	8.406	3.97	
10	0357102	镀锌铁丝	8#	kg	1.302	3.88	
11	0357107	镀锌铁丝	18#	kg	4.338	3.88	
12	0359001	铁件		kg	2.421	6.03	
13	0359131	预埋铁件		kg	0.944	6.03	
14	0401031	水泥	42.5	kg	9569.607	0.526	
15	0403043	黄砂(净砂)	综合	t	33.561	128	
16	0405001	碎石	综合	t	2.096	102	
17	0411011	块石	200~500	t	1.113	79.61	
18	0413091	混凝土实心砖	240×115×53	千块	0.908	521.6	
19	0413231	烧结煤矸石普通砖	240×115×53	千块	2.994	600	
20	0415441	蒸压砂加气混凝土砌块	(B06级)600×120×240	m³	28.866	284	
21	0433004	非泵送商品混凝土	C25	m³	0.771	493	
22	0501221	杉圆木	构件安装用	m³	0.007	1453	
23	0503001	杉板枋材		m³	1.384	1453	
24	0503011	松板枋材		m³	0.003	1327	
25	0503031	硬木板枋材(进口)		m³	0.000	4733	
26	0503361	垫木		m³	0.006	1181	
27	0505001	三夹板		m²	2.310	9.26	
28	0505021	九夹板		m²	3.229	17.09	
29	0505091	水曲柳板		m²	4.125	22.88	

续表

序号	编码	材料名称	规格型号	单位	数量	单价(元)	备注
30	0509031	细木工板	2440×1220×18	m²	43.674	38.97	
31	0603011	茶色镜面玻璃	Φ5	m²	2.596	37.93	
32	0605021	钢化玻璃	Φ12	m²	52.920	99.14	
33	0665061	白色墙面砖	600×300	m²	143.603	55	
34	0665081	防滑地砖	300×300	m²	15.079	50	
35	0665111	600×600米色抛光砖		m²	126.618	55	
36	0665111	黑色抛光砖	600×600	m²	17.881	55	
37	0665121	灰色抛光砖	800×800	m²	48.838	65	
38	0665121	米色抛光砖	800×800	m²	26.884	65	
39	0701031	20mm厚中国黑大理石门口板		m²	2.565	124	
40	0701031	白麻花岗石		m²	2.509	171	
41	0701101	花岗岩板		m²	17.738	200	
42	0701101	花岗岩板	603	m²	10.322	76.72	
43	0801021	石膏板	12	m²	22.417	12.93	
44	0807041	矿棉板		m²	203.291	21.55	
45	0809051	塑钢扣板		m²	15.372	70	
46	0811011	铝塑板	1220×2440×4	m²	62.586	171	
47	0835011	铝合金T型龙骨	H=22	m²	205.227	22.41	
48	0909091	铝合金推拉窗		m²	3.644	183	
49	0949321	地弹簧		台	2.020	214	
50	0949461	玻璃门合页		副	3.030	14.66	
51	0949571	金属拉手		副	2.020	150	
52	1001071	60mm×25mm实木线条木色收口		m	55.714	18	
53	1101401	弹性涂料底涂		kg	1.560	20.257	
54	1101411	弹性涂料面涂		kg	3.120	19.2888	
55	1101421	弹性涂料中涂		kg	10.401	19.2888	
56	1103701	防水涂料	JS	kg	73.740	12.93	
57	1111341	乳胶漆		kg	197.754	5.52	

续表

序号	编码	材料名称	规格型号	单位	数量	单价(元)	备注
58	1401001	焊接钢管	(综合)	t	0.829	4109	
59	3115001	水		m³	24.800	5.15	
60	3201021	木模板		m³	0.068	1336	
61	3203001	脚手架钢管		kg	37.579	3.36	
62	3203041	竹脚手片		m²	10.087	7.76	
63	3205011	安全网		m²	7.944	5.97	
64	j1201011	柴油(机械)		kg	5.828	6.85	
65	j1201021	汽油(机械)		kg	11.123	8.37	
66	j3115031	电(机械)		kw·h	314.012	0.75	
67	综合价	1680×2500药房窗口：免漆板柜体，米色人造石台板，上面12mm钢化玻璃窗口，黑钛不锈钢包边		个	1.000	2500	
68	综合价	2000×2500输液室窗口：免漆板柜体（水曲柳），米色人造石台板，上面12mm钢化玻璃窗口，绿色抛光砖踢脚线		个	1.000	2500	
69	综合价	3050×2500化验室窗口：免漆板柜体，米色人造石台板，上面12mm钢化玻璃窗口，绿色抛光砖踢脚线		个	1.000	3600	
70	综合价	60mm成品实木线条		m	41.480	25	
71	综合价	不锈钢护手		m	2.600	250	
72	综合价	免漆板柜体(水曲柳)，米色人造石台板		m²	5.620	600	
73	综合价	卷帘:含拉链、杆等一切费用		m²	35.860	50	
74	综合价	宣传栏:具体做法详见图纸		项	1.000	5000	
75	综合价	成品水曲柳板门定制（带门套），包括执手锁、合页、门吸、60mm实木线条等一切费用		m²	20.240	600	
76	综合价	成品米白色18抗倍特板隔断		m²	12.720	180	
77	综合价	折边费		m	66.030	10	

续表

序号	编码	材料名称	规格型号	单位	数量	单价(元)	备注
78	综合价	拆除工程		项	1.000	3000	
79	综合价	注射室窗口：免漆板柜体（水曲柳），米色人造石台板		m	2.050	750	
80	综合价	淋浴房隔断		m^2	1.980	350	
81	综合价	石材六面防腐处理		m^2	2.490	30	
82	综合价	窗帘轨道		m	7.100	35	

1. 招标控制价的概念是什么？
2. 招标控制价的编制依据有哪些？
3. 招标控制价编制的原则是什么？
4. 编制一套完整的招投标控制价,以某办公楼工程为例。
(1) 建筑设计说明：
① 本工程建筑面积 600.00 m²。
② 本设计标高以 m 为单位,其余尺寸以 mm 为单位。
③ 砖墙体在标高 −0.060 m 处做 1∶2 水泥砂浆加 5‰ 防水剂的防潮层 20 厚。
④ 各层平面图中,墙体厚度除注明者外,均为 240 厚。
⑤ 盥洗室地面标高比楼地面标高低 20 mm,阳台、楼梯间入户地面标高比楼地面标高低 30 mm。
⑥ 安装铝合金窗时按墙中线安装,所有平开门在门后均安装固门器。
⑦ 雨篷、窗台线等构件,凡未注明者,其上部抹 20 mm 厚 1∶2 水泥砂浆并按 1‰ 找排水坡,底面抹 15 mm 厚 1∶2 水泥砂浆,面刷仿瓷涂料三遍,并做 20 mm 宽滴水线。
⑧ 凡木材与砌体接触处,均涂防腐剂。
⑨ 落水管及雨水口材料为镀锌铁皮。
(2) 建筑装饰做法说明：
本工程的建筑装饰做法如表 3-8 所示。

表 3-8　建筑做法说明

项 目 名 称	做 法 说 明
散水	1. 素土夯实； 2. 150 厚 3∶7 灰土夯实； 3. 60 厚 C20 细石混凝土撒 1∶1 水泥细砂压实抹光
M-4 坡道 (长 1.2 m,宽 1.6m)	1. 素土夯实； 2. 300 厚 3∶7 灰土夯实； 3. 60 厚 C20 混凝土随捣随抹平(表面撒 1∶1 干水泥砂子压实抹光)
地面及楼梯间入户地面	1. 素土夯实； 2. 150 厚 3∶7 灰土夯实； 3. 80 厚 C15 混凝土； 4. 30 厚 1∶2 干硬性水泥砂浆结合层； 5. 20 厚大理石面层,1∶1 水泥细砂浆擦缝、刷草酸、打蜡
盥洗室地面	1. 素土夯实； 2. 150 厚 3∶7 灰土夯实； 3. 60 厚 C15 混凝土； 4. 刷素水泥浆结合层； 5. 20 厚 1∶3 干硬性水泥砂浆找平层； 6. 1∶1 水泥细砂浆粘贴防滑地板砖面层

续表

项目名称	做法说明
楼面	1. 钢筋混凝土楼板; 2. 刷素水泥浆一道; 3. 20厚1∶2干硬性水泥砂浆结合层; 4. 10厚铺地砖,稀水泥浆填缝
盥洗室楼面	1. 钢筋混凝土楼板; 2. 刷素水泥浆结合层; 3. 1∶8水泥炉渣充填(卫生间); 4. 60厚C20细石混凝土(卫生间); 5. 20厚1∶3干硬性水泥砂浆找平层; 6. 1∶1水泥细砂浆粘贴防滑地板砖面层
楼梯面层	同楼面
踢脚	1. 6厚1∶2.5水泥砂浆找平扫毛; 2. 5厚1∶1水泥细砂浆压实抹光; 3. 面层同地面、楼面,高度150 mm
盥洗室内墙面	1. 6厚1∶3水泥砂浆打底扫毛; 2. 6厚1∶2.5水泥砂浆找平扫毛; 3. 6厚1∶0.1∶2.5水泥石灰膏砂浆结合层; 4. 3厚陶瓷墙地砖胶黏剂粘贴内墙釉面瓷砖,稀白水泥浆擦缝
其他内墙面	1. 7厚1∶3水泥砂浆打底扫毛; 2. 7厚1∶3水泥砂浆找平扫毛; 3. 6厚1∶2.5水泥砂浆压实抹光; 4. 满刮腻子两遍,乳胶漆三遍
外墙面	1. 7厚1∶3水泥砂浆打底扫毛; 2. 刷素水泥浆一道; 3. 12厚1∶0.2∶2水泥石灰膏砂浆结合层; 4. 3厚T920瓷砖胶黏剂贴6-12厚面砖,用J924砂质勾缝剂勾缝
天棚	1. 钢筋混凝土楼板底用水加10%火碱清洗油腻; 2. 刷素水泥浆一道; 3. 9厚1∶0.3∶3水泥石灰膏砂浆打底扫毛; 4. 9厚1∶0.3∶2.5水泥石灰膏砂浆罩面; 5. 满刮腻子一遍; 6. 刷乳胶漆三遍
屋面	1. 预应力钢筋混凝土空心板; 2. 30 mm C20细石混凝土整浇层; 3. 保温层采用1∶12水泥膨胀珍珠岩(最薄处40 mm厚); 4. 1∶3水泥砂浆找平15 mm厚; 5. 屋面采用PVC橡胶防水卷材
油漆	木门和门窗套刮透明腻子两遍,刷底油一遍,聚酯清漆两遍

(3) 门窗明细如表 3-9 所示。

表 3-9 门窗明细表

C1	3570×2300	2		全玻固定窗白玻 12 mm
C2	1800×1500	8	03J603－2	WPLC－80J－57－4.03
C3	600×1500	8	03J603－2	WPLC－80J－65－6.04
C4	3460×1800	3	03J603－2	WPLC－80J－60－3.61
C5	1500×1500	6	03J603－2	WPLC－80J－42－4.83
C6	3570×1800	3	03J603－2	WPLC－80J－60－3.61
M1	3000×2700	1	L03J602	铝合金地弹簧门 DLM100－36－K/93
M2	1000×2100	18		胶合板门
M3	800×2100	9		塑钢门
M4	1000×2100	1		钢防盗门

(4) 相关图纸如图 3-21 至图 3-25 所示。

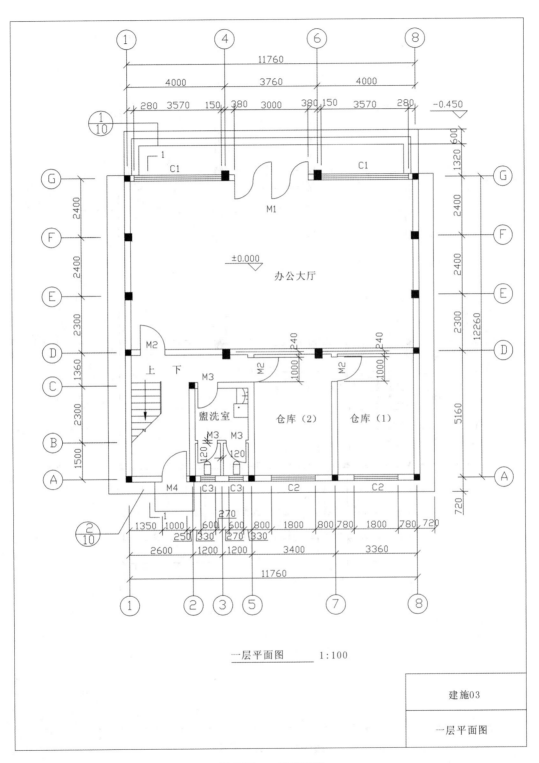

图 3-21 一层平面图

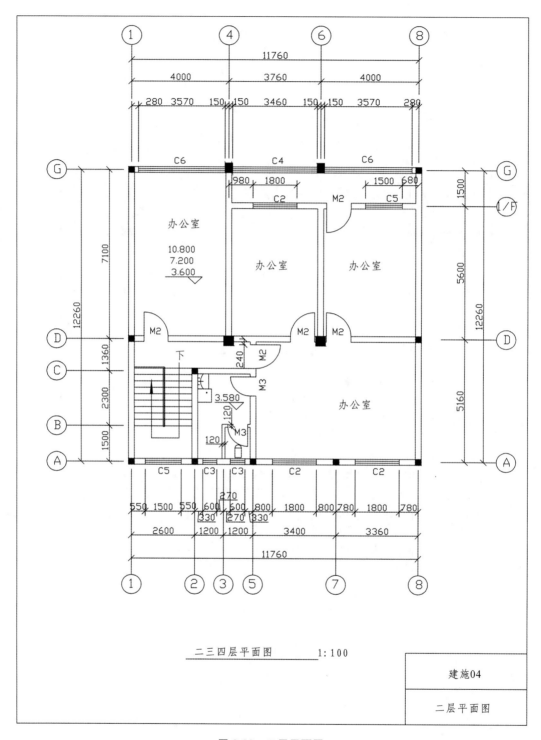

图 3-22 二层平面图

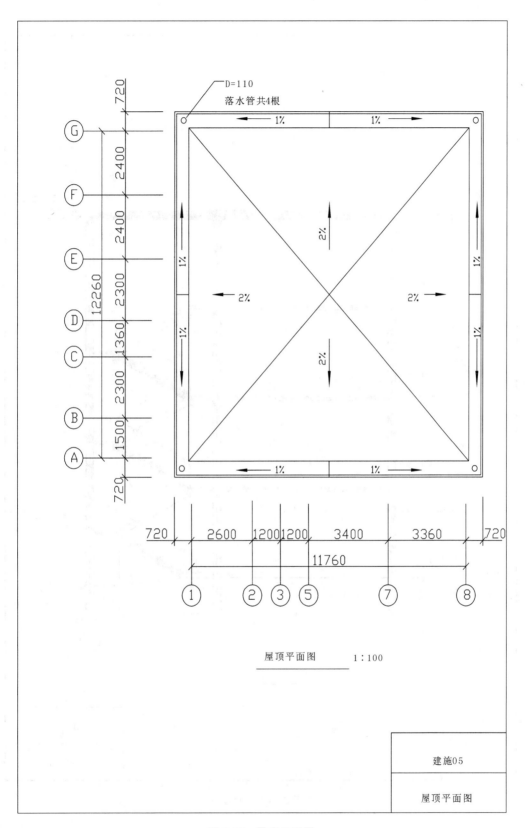

图 3-23 屋顶平面图

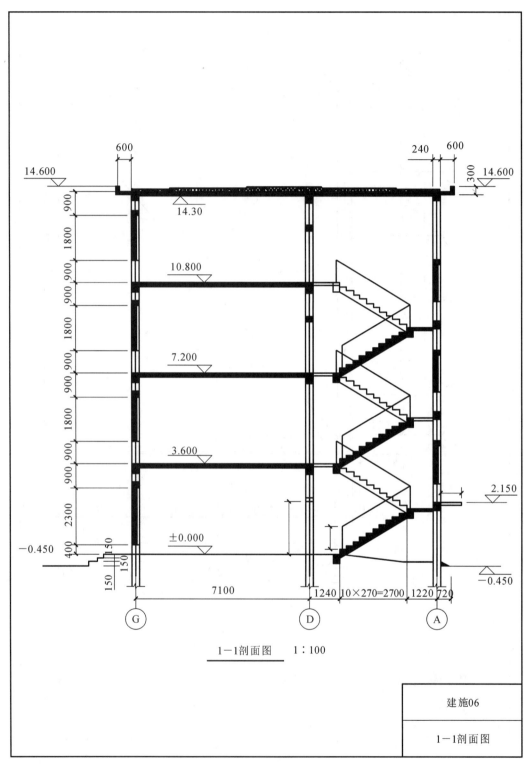

图 3-24 剖面图

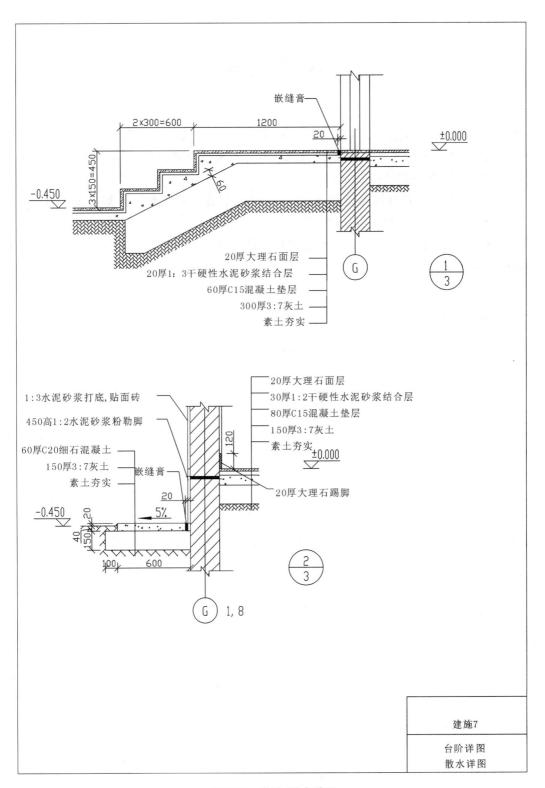

图 3-25 台阶、散水详图

参 考 文 献

[1] 何辉,吴瑛.建筑工程计价新教材[M].3版.浙江:浙江人民出版社,2017.

[2] 中华人民共和国住房和城乡建设部.建设工程工程量清单计价规范:GB 50500—2013[S].北京:中国计划出版社,2013.

[3] 中华人民共和国住房和城乡建设部.房屋建筑与装饰工程工程量计算规范:GB 50854—2013[S].北京:中国计划出版社,2013.

[4] 浙江省建设工程造价管理总站.浙江省房屋建筑与装饰工程预算定额[M].北京:中国计划出版社,2018.